핵심만 가득!

hyperMILL
하이퍼밀
5축 머시닝센터 가공

> hyperCAD-S 2차원 모델링에서
> hyperMILL 3차원 가공까지

김진수, 양제원, 최철웅 지음

光 文 閣
www.kwangmoonkag.co.kr

hyperMILL은 OPEN MIND Technologies는 국제적으로 성공한 CAM 소프트웨어로 인터페이스 가능한 소프트웨어로는 hyperCAD-S, hyperCAD®, SOLIDWORKS, Autodesk® Inventor®용 CAD 통합 솔루션으로 제공되어 있어 모듈 형태의 유연한 CAM 솔루션으로서 2D 2.5D, 3D 및 5축 고속 가공은 물론 머시닝센터와 복합 CNC 선반 등을 위한 고속 가공 (HSC) 및 고성능 가공 (HPC)과 같은 기계 가공 작업이 하나의 인터페이스에 통합되어 있다.

CNC 선반과 MCT 등 5축 가공을 위한 임펠러, 블리스크, 터빈 블레이드, 튜브 및 타이어 몰드 용 특수 응용 프로그램들의 다양한 기능을 완벽하고 정확하게 프로그래밍할 수 있도록 제공하고 있다.

hyperMILL을 이용한 『5축 머시닝센터 가공』, 이 책은 다년간 대학에서 CNC 복합 가공, 5축 고속 머시닝센터와 Hyper MILL 교육을 통하여 지도한 경험과 현장에서 CAM 소프트웨어 활용하여 CNC 기계 작업을 기술 지도하면서 터득한 저자의 Know How를 접목하여 hyperMILL을 이용한 2D CAD 작업과 3D 모델링 및 CNC 가공 기술을 실제 작업 방법을 기술하여 처음 접하는 공학도에게 현장 실무를 익히는데 좋은 지침을 제시하고자 한다.

이 책의 특징은 다음과 같다.

Part 1과 Part 2로 나누어 설명하였고, Part 1에서 hyperCAD- S의 기초, 드래프트 작성, 형상 모델링, hyperCAD-S 2차원 모델링, hyperCAD-S 3차원 모델링 등 초보자도 쉽게 접근할 수 있게 hyperCAD-S 기초 에서부터 CAD 기본 기능 및 화면 설명 그리고 모델링에 필요한 스케치 기능과 단축키 등을 설명 하였고, 드레프트 작성과 형상에서의 평면 설정 등 2D 스케치를 통한 3D 모델링(서피스, 솔리드) 기능과 그 기능들을 이용한 2.5D 솔리드 모델링과 3D 서피스 모델링을 따라 하기 방식으로 쉽게 기술하였다.

Part 2에서 hyperMILL 사이클의 종류, 2차원 가공, 3차원 가공 5축 가공에 해당하는 인덱스 코드의 이해와 5축 동시 제어 및 임펠러 가공 실습을 통한 3축 머시닝센터 가공에서부터 동시 5축 가공까지 기술하였다.

통상적인 CAM 가공에서 hyperMILL의 여러 기능을 통해 2D/2.5차원 가공과 3차원 곡면 가공을 컴퓨터응용밀링기능사 예제와 컴퓨터응용가공산업기사 예제를 통해 독자들이 쉽게 따라 갈 수 있게 구성하였으며. 기계가공기능장 실기에 접목할 수 있다.

동시 5축 가공은 기본적인 코드 설명과 함께 임펠러 예제를 통해 hyperMILL 동시 5축 가공을 손쉽게 따라 할 수 있게 기술하였다.

보다 많은 내용과 현장에서 접하는 내용을 제공하려고 하였으나 페이지 관계로 기술하지 못한 점은 양해 부탁드리며 다음 파트의 서적에서는 현장 내용만을 기술하고자 한다.

아무쪼록 이 책을 선택한 독자 여러분의 노력이 헛되지 않기를 바라며 본 책이 완성되는 과정에서 도움을 주신 분들과 편집에 수고한 출판사 관계가 여러분께 감사를 드린다.

저자 일동

PART 1. hyperCAD-S

하이퍼밀(hyperMILL) 5축 머시닝센터 가공

PART 1

hyperCAD-S

하이퍼밀(hyperMILL) 5축 머시닝센터 가공

hyperCAD-S 기초

CHAPTER

1. 사용자 인터페이스

각 문서를 별개의 작업 창으로 열 수 있다. 작업 창은 와이드 모니터 포맷으로 사용하고 복수의 모니터에서도 작업할 수 있도록 설계되었다. 문서를 종료하면 마지막 윈도우 위치가 저장된다. 사용자 인터페이스는 다음 요소로 구성되어 있다.

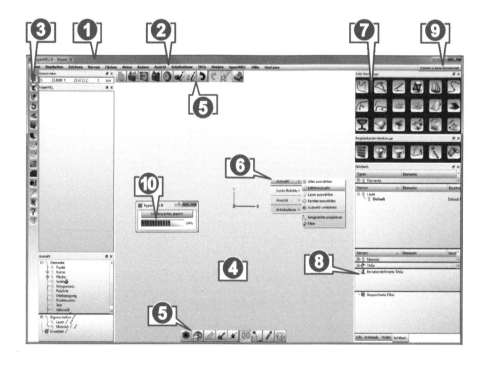

1) 제목 표시줄

현재 열려 있는 문서의 이름이 표시된다. F11 키를 눌러 숨길 수 있다.

2) 메뉴 표시줄

메뉴 표시줄을 통하여 hyperCAD-S의 모든 기능에 접근할 수 있다. 메뉴 표시줄은 고정되어 있으며 변경할 수 없다.

3) 아이콘 툴바

아이콘 툴바를 통하여 hyerCAD-S 기능을 실행할 수 있다. 윈도우 창의 각 모서리에 여러 행/열로 아이콘 툴바를 배치할 수 있다. 아이콘 툴바 위치를 재배치하는 경우에는 왼쪽 끝의 핸들을 마우스 왼쪽 버튼으로 클릭한 뒤 드래그하여 원하는 위치에 둔다. 아이콘 툴바가 최소화되어 있는 경우에는 툴바 오른쪽의 »이중 화살표를 마우스 왼쪽 버튼으로 클릭하여 전체 목록을 볼 수 있다. 파일 〉옵션 〉툴바 및 탭 명령을 사용하여 새로운 툴바를 만들거나 기존의 툴바를 편집할 수 있다.

4) 그래픽 영역

요소(entity)의 생성 또는 편집 작업을 한다.

5) 그래픽 영역 상/하단 툴바

두 툴바의 영역은 고정되어 있지만 사이즈는 변경이 가능하다. 마우스 커서를 툴바 위에 올려놓고 ctrl 키를 누른 상태로 마우스 휠을 움직여 사이즈를 변경한다. 16x16 pixels에서 96x96 pixels 사이의 크기로 조정된다. 파일 〉옵션 〉툴바 및 탭 명령을 사용하여 툴바를 편집할 수 있다.

6) 콘텍스트 메뉴(Context menu)

현재 수행되고 있는 작업에 관련된 기능을 실행할 수 있도록 명령어 목록을 제공한다. 오른쪽 마우스 버튼을 클릭하여 콘텍스트 메뉴를 표시한다. 계속 항목은 선택 시퀀스에서 다음 입력으로 건너뛰는 기능으로 마우스 왼쪽 버튼을 더블 클릭하여 실행할 수도 있다. 적용 항목을 클릭하면 명령이 적용되어 계산이 수행된다. 최근 명령어 항목에서는 최근에 사용한 명령어를 선택할 수 있다.

파일 〉 옵션 〉 옵션/속성 〉 사용자 인터페이스의 최근 명령어의 최대 수 옵션을 사용하면 최근에 사용한 명령어 리스트의 길이를 조절할 수 있다.

7) 아이콘 탭

탭 도구과 함께 자유롭게 위치를 지정할 수 있으며 프로그램 창 외부에 배치하는 것도 가능하다. 아이콘을 통하여 기능을 실행한다. 탭의 내용이 부분적으로 가려진 경우에는 alt 키를 누른 채로 휠 버튼을 사용하여 전체 기능을 살펴볼 수 있다.

(A) **탭 도구**: 이 탭의 아이콘은 모든 탭 도구를 활성화하는 데 사용된다.

(B) **공구**: 이 탭의 아이콘은 CAD 명령을 실행하는데 사용된다. 파일 〉 옵션 〉 옵션/속성 〉 사용자 인터페이스〉 CAD 공구 열 항목에서 공구 탭의 열 수를 설정한다.

(C) **hyperMILL 공구**: 이 탭의 아이콘은 CAM(hyperMILL) 명령을 실행하는 데 사용된다.

8) 탭 도구

아이콘 탭과 함께 자유롭게 위치를 지정할 수 있으며 프로그램 창 외부에 배치하는 것도 가능하다. 탭 도구는 hyperCAD-S에서 모델 구조, 선택/가시성 필터링, 메시지/상태 표시 정보, hyperMILL 브라우저 창 등의 표시에 사용되는 형식이다.

9) 간단한 정보

메뉴 또는 메뉴 아이콘 위에 마우스를 올리면 해당 명령어에 대한 간단한 정보가 표시된다. 명령어를 실행하면 실행되는 명령어에 대한 정보가 표시된다.

10) 진행 표시줄

상당한 처리 용량을 필요로 하는 프로세스의 처리 상태가 표시되며, 그 프로세스에서 현재 진행되는 작업에 대한 정보가 표시된다. (가능한 경우)

2. 그래픽 영역

1) 조작기

명령어를 안에서 조작기가 제공되는 경우 마우스 왼쪽 버튼으로 조작기를 클릭하여 나타나는 대화 창에 값을 입력하거나 클릭한 상태에서 드래그하여 편집한다.

(A) 축을 선택하면 조작기는 축 방향을 따라 이동한다.

(B) 호를 선택하면 조작기는 축을 중심으로 회전한다.

(C) 원점을 선택하면 조작기 위치를 자유롭게 지정할 수 있다.

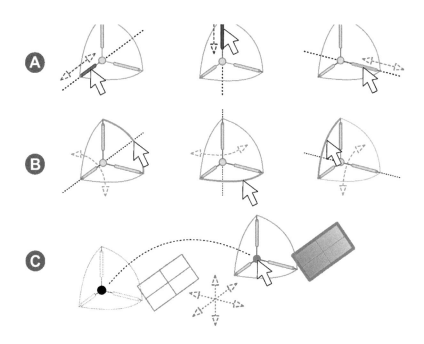

2) 핸들

명령어 안에서 대화식으로 변경할 수 있는 핸들(D)이 제공된다. 마우스 왼쪽 버튼으로 핸들을 클릭한 후 마우스 버튼을 누른 상태에서 핸들이 원하는 크기가 될 때까지 이동한다. 마우스 왼쪽 버튼으로 클릭하여 나오는 입력 창에 직접 값을 입력하는 것도 가능하다.

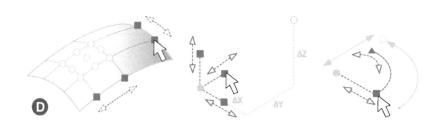

3) 툴팁

마우스 위치에 따라 강조 표시된 요소에 대한 정보가 표시된다. 파일 〉 옵션 〉 옵션/속성에서 사용 여부를 선택하고, 파일 〉 옵션 〉 툴팁 내용에서 표시할 내용을 구성한다.
ex) 툴팁 내용: 요소 타입, 요소 ID, 길이, 반경, 레이어 등

4) 커서

활성화된 기능에 따라 커서 모양이 달라진다.

커서	기능	설명
	통합	선택 탭에서 속성을 요소의 속성을 가져오는 경우에 표시된다. 마우스 왼쪽 버튼으로 요소를 클릭한다.
	숨김	숨김 기능이 활성 상태이다.
	숨김 해제	숨김 해제 기능이 활성 상태이다.
	삭제	삭제 기능이 활성 상태이다. 요소를 선택하면 삭제된다.
	회전 타깃 설정	회전 타깃(Target) 설정 기능이 활성 상태이다.

커서	기능	설명
🔍	확대 / 축소	Shift 키와 마우스 오른쪽 버튼을 사용하여 뷰를 확대/축소한다.
✛	이동	Ctrl 키와 마우스 오른쪽 버튼을 사용하여 뷰를 이동한다.
🔄	기울임	Art 키와 마우스 오른쪽 버튼을 사용하여 뷰를 기울인다. (Ctrl + Shift 키와 마우스 오른쪽 버튼으로도 가능)
🔄	회전	마우스 오른쪽 버튼을 사용하여 뷰를 회전한다.

5) 대화 창의 기능

명령어를 실행 대화 창은 상단 영역과 입력 영역으로 구분된다.

상단 영역		
적용	적용	입력이 적용된다. 대화 창은 계속 열려 있다. 또한, enter 키를 사용하여 입력을 적용할 수도 있다.
✓	확인	입력을 적용하고 기능을 종료한다. 대화 창이 닫힌다.
⚠	경고	필수 입력 또는 선택이 이루어지지 않았다 정보 탭에 정보 및 경고를 출력한다.
⚙	기본 설정	옵션이 기본 설정으로 초기화된다. 소프트웨어를 다시 시작한 후에도 기본 설정으로 초기화된다.
≪	다시 실행	마지막 기능 호출로부터 설정을 복구한다.
🔍 🔍✕	미리 보기	결과 미리보기를 켜거나 끈다.

입력 영역: 버튼 색상에 따른 입력 상태

입력 영역	
엔티티	아직 선택된 항목이 없다.
엔티티	명령을 실행할 수 있다.
엔티티	더 이상 선택을 처리할 수 없다. 명령을 실행할 수 있다.

입력 영역	
엔티티	추가로 선택해야 한다.
엔티티	너무 많은 정보가 선택되었다. 수정할 때까지 소프트웨어는 대기한다.

입력 영역: 텍스트 색상에 따른 입력 상태

입력 영역	
엔티티	내추럴: 입력이 가능하다.
엔티티	파란색: 입력이 가능하거나 필요하다. 옵션이 선택되었다.
엔티티	회색: 입력이 불가능하다.
값 입력 비활성화	
🔓	값이 변경되거나 현재 상황에 따라 변경이 가능하다.
🔒	값이 고정되어 있다.

3. 그래픽 영역 상하단 툴바

마우스 포인터를 툴바 위에 놓고 ctrl 키를 누른 상태에서 마우스 휠을 움직여 크기를 조절할 수 있다.

상단 툴바		
	신규	신규 파일을 연다.
	열기	기존 파일을 불러온다.
	저장	현재 파일을 저장한다.
	닫기	현재 파일을 닫는다.

상단 툴바		
	옵션/속성	옵션/속성 명령을 실행한다.
	드래프트 속성	드래프트 속성 명령을 실행한다.
	요소(entity) 속성	요소(entity) 속성 명령을 실행한다.
	2요소(entity) 정보	2요소(entity) 정보 명령을 실행한다.
	실행 취소	실행 취소 명령을 실행한다.
	다시 실행	다시 실행 명령을 실행한다.
	선택 필터 초기화	선택 필터를 초기화한다.
	입력/출력 선택	클릭하여 입력/출력 설정을 변경한다.
	정보 보이기	요소 정보를 표시한다.
	경고 보이기	경고를 표시한다.
하단 툴바		
	레이어	모든 레이어를 표시한다. 현재 레이어를 설정하려면 마우스 왼쪽 버튼으로 레이어 라인을 클릭한다. 레이어 할당을 변경하려면 요소들을 먼저 선택한다.
	재질	재질을 설정한다.
	라인 타입	라인 타입을 설정한다.
	두께	라인 폭을 설정한다.
	스냅 선택 필터	스냅 타입을 활성화한다.
	작업평면 원점	현재 작업평면의 원점을 입력한다.
	작업평면에서 스냅 포인트 투영 사용/사용 안 함	작업평면으로의 스냅 포인트 투영을 활성화 및 비활성화한다.
	속성 복사	선택한 요소의 속성을 복사하여 다른 요소에 적용한다.
	그래픽 속성	그래픽 속성을 표시 및 수정한다.
	페이스 테셀레이션	선택한 요소의 테셀레이션을 수정한다.

4. 탭 도구

1) 좌표

그래픽 영역에 있는 마우스 포인터의 좌표값을 표시하거나 현재 작업 평면과 관련된 스냅 포인트의 좌표를 표시한다. 콘텍스트 메뉴에서 값을 선택하고 복사할 수 있다.

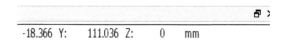

2) WP(작업평면)

현재 작업평면을 결정하고 문서에 생성된 작업평면 축의 가시성을 제어할 수 있다.

(1) WP(작업평면) 탭 화면 구성

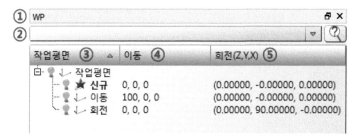

① 제목 표시줄	탭의 이름이 표시되고 오른쪽의 버튼을 클릭하여 창을 닫을 수 있다.
② 검색	작업평면의 이름을 입력하고 검색 버튼을 누르면 해당 작업평면만 표시된다.
③ 작업평면	작업평면의 이름과 상태가 표시된다.
④ 이동	절대 좌표계를 기준으로 이동 값이 표시된다.
⑤ 회전(Z, Y, X)	절대 좌표계를 기준으로 회전 값이 표시된다.

(2) ★신규

이름이 지정되지 않은 수정 가능한 작업평면의 이름은 **신규**로 표시된다. **신규** 작업평면의 이름을 변경하면 현재 지정된 이동 값과 회전 값을 가진 상대로 작업평면이 저장된다. 이름이 지정된 좌표계는 이동이나 회전이 불가능하다.

(3) 현재 작업평면

현재 작업이 이루어지는 평면으로 작업평면 이름이 "굵게" 강조 표시된다.

(4) 콘텍스트 메뉴 – 현재 값으로 설정

작업평면에서 마우스 오른쪽 버튼을 클릭하여 나오는 콘텍스트 메뉴의 **현재 값으로 설정** 명령으로 해당 작업평면을 **현재 작업평면**으로 만들 수 있다. 작업평면의 항목을 더블클릭하여 **현재 작업평면**으로 만들 수도 있다.

(5) 콘텍스트 메뉴 – 이름 바꾸기

선택된 작업평면의 이름을 바꿀 수 있다. 작업평면이 선택된 상태에서 작업평면의 이름을 클릭하여도 이름을 바꿀 수 있다.

(6) 콘텍스트 메뉴 – 삭제

작업평면에서 마우스 오른쪽 버튼을 클릭하여 나오는 콘텍스트 메뉴의 **삭제** 명령으로 해당 작업평면을 삭제할 수 있다. **현재 작업평면**은 삭제할 수 없다.

작업평면의 가시성 제어: 아이콘을 클릭하여 작업평면을 활성화/비활성화한다.

	활성화됨	X, Y, Z 축이 작업평면의 좌표 원점에 표시된다.
	비활성화됨	X, Y, Z 축이 작업평면의 좌표 원점에 표시되지 않는다.
	새 작업평면	새로 생성된 작업평면. 메뉴의 작업평면을 변경 명령은 새 작업평면에만 적용된다. 이름을 변경하면 작업평면이 문서 내에 저장된다.
그래픽 영역에서의 표시		
현재 설정된 활성 작업평면		보이는 비활성 작업평면

3) 모델

열려 있는 문서의 모든 요소를 열거한다.

(1) 모델 탭 화면 구성

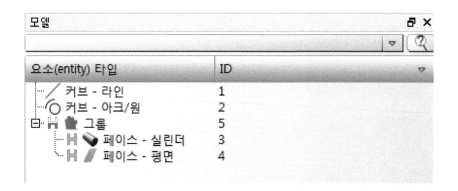

(2) 요소(entity) 타입

요소 아이콘과 타입, 상세 요소 타입이 함께 표시된다.

(ex. ✏ → 요소 아이콘, **페이스** → 요소 타입, **평면** → 상세 요소 타입)

(3) ID

각 요소의 ID가 표시된다. ID 번호는 요소가 생성된 순서에 따라 매겨진다.

(4) 정렬

마우스 왼쪽 버튼으로 열 이름을 클릭하여 **요소(entity) 타입** 및 **ID**별로 정렬할 수 있다.

(5) 요소 선택

모델 탭에서 요소를 직접 선택 가능하며 선택된 요소는 그래픽 윈도우에서도 선택 표시된다. 마우스 왼쪽 버튼을 클릭한 상태에서 ctrl 또는 shift 키를 눌러 여러 항목을 선택할 수 있다. 이것은 그룹 및 형상에도 적용된다.

(6) 숨기기

콘텍스트 메뉴에서 요소를 직접 표시하고 숨길 수 있다. 요소가 숨겨진 경우 ⊟ 아이콘으로 상태가 표시된다. 그룹의 하위 요소의 경우 ⊢로 표시된다.

(7) 그룹

그룹 요소 기능으로 그룹화된 요소가 표시된다. 그룹은 다른 그룹을 포함할 수 있다.

(8) 검색

입력 라인에 검색 용어를 입력하여 요소를 검색할 수 있다.

용어 검색(예)	설명`
id=5	ID가 5인 요소를 검색한다.
id=10-100	10~100 범위에 있는 모든 요소를 검색한다.
Id-10,22,,34	ID가 10, 22, 34인 요소를 검색한다.
페이스*	별표를 와일드카드 문자로 사용하여 모든 페이스를 검색할 수 있다.

*복잡한 검색은 정규식을 사용하여 제어할 수 있다.

4) 선택

요소 종류 또는 속성을 제어하여 선택에 포함/제외할 요소를 필터링할 수 있다.

(1) 요소(entity)

요소 타입별로 필터링할 수 있다.

ex) 커브(라인, 아크, 타원…), 페이스(평면, 실린더, 회전…), 솔리드, 폴리곤 메시 등

(2) 속성

레이어 및 재질 속성에 따라 필터링할 수 있다.

(3) 활성화 및 비활성화

마우스 왼쪽 버튼으로 개별 항목을 클릭하여 요소 및 속성을 활성화/비활성화할 수 있다.

	활성	해당 항목이 활성화 상태이다.
	비활성	해당 항목이 비활성화 상태이다.
	하위 요소 비활성	해당 항목의 하위 요소에 비활성화된 항목이 포함되어 있다.

(4) 콘텍스트 메뉴를 사용한 활성화 및 비활성화

모두 활성화	선택된 상위 목록 아래의 모든 하위 목록 요소를 활성화한다.
모두 비활성화	선택된 상위 목록 아래의 모든 하위 목록 요소를 비활성화한다.
토글	선택된 상위 목록 아래의 모든 하위 목록 활성/비활성 상태를 반전시킨다.
이것만 활성화	선택한 요소만 활성화한다.
이 항목 외 모두 활성화	선택한 요소 외의 모든 요소를 활성화한다.
삭제	선택한 요소를 삭제한다.
채우기	선택한 요소를 업데이트한다.

(5) 열린 요소 및 닫힌 요소

피처, 솔리드 및 그룹 속성에 적용된다.

선택 탭에서 열린 요소/닫힌 요소 상태 표시		
	요소 열림	엔티티의 하위 요소를 선택할 수 있다. Ex) 솔리드의 경우 : 솔리드의 페이스 및 피처를 선택할 수 있다.
	요소 닫힘	완전한 요소만 선택할 수 있다. Ex) 솔리드의 경우: 솔리드의 전체 형상이 선택된다.
	요소 잠금	요소의 열림/닫힘 설정을 변경할 수 없다.
그래픽 영역 상단 툴바의 입/출력 선택 아이콘 상태 표시		
	피처 닫힘	완전한 피처만 선택할 수 있다.
	그룹 닫힘	그룹 내에 있는 전체 요소만 선택할 수 있다.
	솔리드 닫힘	완전한 솔리드만 선택할 수 있다.
	피처/그룹 닫힘	솔리드 항목만 열려 있다.
	피처/솔리드 닫힘	그룹 항목만 열려 있다.
	솔리드/그룹 닫힘	피처 항목만 열려 있다.
	전체 열림	천체 항목이 열려 있다.

(6) 속성 선택 및 조건 리스트

✏️	조건 리스트	아이콘을 클릭하여 조건 리스트 창을 연다. 조건은 속성 연산자 및 값 또는 값 범위로 구성한다.
💉	속성 선택	아이콘을 클릭하고 참조할 요소를 선택하여 선택한 요소의 속성을 불러온다.
⚙️	고급 활성화	고급 항목의 조건 리스트가 활성 상태이다(빨간색).
⚙️	고급 비활성화	고급 항목의 조건 리스트에 활성 상태인 조건이 없다(파란색).

5) 가시성

선택 가능한 다양한 속성을 사용하여 그래픽 영역의 요소 가시성을 제어한다.
요소(Entity), 레이어, 재질, 태그, 사용자 정의 태그, 저장된 필터 섹션으로 구성되어 있다.

섹션의 크기는 엣지를 드래그하여 조정할 수 있고, 레이아웃은 자동으로 저장된다.
가시 필터는 보기 메뉴의 숨김/숨김 해제 기능보다 우선순위를 가진다.

① 요소(Entity), 레이어, 재질, 태그, 사용자 정의 태그, 저장된 필터 섹션으로 구성되어 있다.

② 섹션의 크기는 엣지를 드래그하여 조정할 수 있고, 레이아웃은 자동으로 저장된다.

③ 가시 필터는 보기 메뉴의 숨김/숨김 해제 기능보다 우선순위를 가진다.

💡	활성화됨	해당 항목이 활성화 상태이다.
💡	비활성화됨	해당 항목이 비활성화 상태이다.
💡	하위 요소 비활성	해당 항목의 하위 요소에 비활성화된 항목이 포함되어 있다.
📦	요소 열림	닫힌 요소의 가시성을 제어할 수 있다.
📦	요소 닫힘	요소를 완전히 표시하거나 숨길 수 있다.

④ 요소(Entity): 요소의 타입별 수량이 표시된다. 표시되는 수량은 숨김/숨김 해제된 요소를 구분한다. (숨김 해제 요소 수량/숨김 요소 수량)으로 표시한

다. 아래와 같은 콘텍스트 메뉴를 사용할 수 있다.

이것만 활성화	선택한 요소 타입만 표시한다.
이 항목 외 모두 활성화	선택한 요소 타입을 제외하고 모두 표시한다.
모두 활성화	모든 요소를 활성으로 설정한다.
모두 비활성화	모든 요소를 비활성화한다.
토글	모든 요소의 가시성을 반전시킨다.

⑤ 레이어: 레이어들을 트리 구조로 관리하고 가시성을 제어할 수 있다. 설명 필드를 더블클릭하여 레이어에 대한 텍스트를 입력할 수 있다. 아래와 같은 콘텍스트 메뉴를 사용할 수 있다.

새 레이어	레이어 창에서 마우스 오른쪽 버튼을 클릭하여 새 레이어를 생성한다. 레이어 이름은 자동 생성되며 즉시 수정할 수 있다.
토글	전체 레이어 구조의 가시성을 반전시킨다.
현재 레이어 설정	그래픽 영역의 현재 레이어 또는 작업 레이어에 새 요소가 생성된다. 레이어 이름은 굵게 강조 표시된다.
이것만 활성화	선택한 레이어의 요소들만 보이도록 한다.
이 항목 외 모두 활성화	선택한 레이어를 제외한 모든 레이어의 요소를 표시한다.
레이어 삭제	레이어 구조에서 레이어를 제거한다. 이것은 레이어에 아무 요소도 포함되어 있지 않은 경우에 가능하다.

⑥ 재질: 현재 사용 가능한 재질들의 이름 및 모양이 표시된다. 특정 재질 속성을 가진 요소의 가시성을 제어할 수 있다. 아래와 같은 콘텍스트 메뉴를 사용할 수 있다.

현재 색상 설정	새로 생성하는 요소에 적용될 재질을 선택한다.
색상 편집	선택한 재질의 재질 속성을 수정한다.
이것만 활성화	선택한 재질의 요소만 표시한다.
이 항목 외 모두 활성화	선택한 재질을 제외한 모든 재질의 요소를 표시한다.
토글	모든 재질의 가시성을 반전시킨다.

⑦ 태그: 도형 속성과 시스템 속성을 사용하여 필터링에 사용할 조건을 작성한다.

⑧ 사용자 정의 태그: 사용자 정의를 사용하여 가시성을 제어할 수 있다.

⑨ 저장된 필터: 자주 사용하는 활성 필터와 비활성 필터의 조합을 저장할 수 있다.

6) 사용자 정의 태그

사용자 정의 태그를 사용하여 요소에 연결할 수 있는 사용자 정의 속성 및 정보를 관리할 수 있다. 입력 및 구성을 위해 카테고리, 키워드 태그 및 수량화된 태그들을 사용할 수 있다.

7) 정보

정보, 경고 및 오류 메시지를 표시한다.

	에러	기능 수행에 실패한 경우 표시된다.
	경고	기능이 올바로 작용하지 않는 경우에 표시된다.
	정보	로딩 시간 또는 NURBS로의 변환 등에 대한 다양한 정보를 표시한다.

8) hyperMILL

hyperMILL을 이용한 NC 프로그래밍용 브라우저. 도움말 정보는 hyperMILL 도움말에서 제공된다.

① **밀링 영역:** 밀링 역역에 사용된 면은 사용자가 수정할 수 없게 보호되어 있다. 요소 잠금 해제 기능을 사용하면 보호를 비활성화할 수 있다.

② **공구 경로 요소:** 공구 경로 요소는 경로 포인트 사이에 있는 원호 및 직선으로 구성되며, 레이어 및 재질 정보 없이 관리된다.

9) I/O

개별 소프트웨어 연산 및 프로세스가 로그에 기록된다.

10) 특수한 경우: 공구 경로 요소

공구 경로 요소는 레이어 및 재질 정보 없이 관리된다. 가시 필터의 레이어 및 재질 섹션에서는 공구 경로 요소가 요소로 카운트되지 않는다. 태그별 필터링은 공구 경로 요소에 영향을 미치지 않는다. 요소 섹션에서는 가시성만 제어할 수 있다. 그래픽 속성 기능과 달리 요소 속성 기능은 공구 경로 요소의 그래픽 속성 및 세그먼트에 대한 정보를 표시하지 않는다.

5. 단축키

메뉴	단축키	명령어	내용
파일	CTRL+N	신규	새 파일을 연다.
파일	CTRL+O	열기	저장된 파일을 연다.
파일	CTRL+S	저장	현재 파일을 저장한다.
파일	CTRL+SHIFT+S	다른 이름으로 저장	현재 파일을 다른 이름으로 저장한다.
파일	CTRL+P	프린트	프린트 창을 연다.
파일	CTRL+E	닫기	현재 파일을 닫는다.
파일	CTRL+Q	나가기	프로그램에서 나간다.
파일	SHIFT+I	옵션/속성	옵션/속성 창을 연다.
파일	SHIFT+D	드래프트 속성	드래프트 속성 창을 연다.
파일	SHIFT+O	솔리드 편집 옵션	솔리드 편집 옵션 창을 연다.
편집	CTRL+X	잘라내기	선택한 요소를 잘라내기 한다.
편집	CTRL+C	복사	선택한 요소를 복사한다.
편집	CTRL+V	붙여넣기	잘라내기 또는 복사한 요소를 붙여넣기 한다.
편집	CTRL+Z	실행 취소	이전 작업을 실행 취소한다.
편집	CTRL+Y	다시 실행	실행 취소한 작업을 다시 실행한다.
편집	DEL	삭제	선택한 요소를 삭제한다.
편집	CTRL+K	분해	선택한 요소를 분해한다.
편집	M	이동/복사	선택된 요소들 이동/복사한다.

메뉴	단축키	명령어	내용
편집	K	스케일	선택된 요소의 스케일을 조절한다.
편집	SHIFT+M	미러	선택된 요소의 대칭 형상을 만든다.
선택	A	전체 선택	전체 요소를 선택한다.
선택	C	체인 선택	체인 선택을 실행한다.
선택	ALT+I	선택 반전	요소 선택을 반전시킨다.
선택	ESC	선택 필터 초기화	선택 필터를 초기화시킨다.
드래프트	L	스케치	스케치 명령을 실행한다.
드래프트	R	직사각형	직사각형 명령을 실행한다.
커브	SHIFT+B	바운더리	바운더리 명령을 실행한다.
형상	CTRL+ART+M	솔리드 생성	솔리드 생성 명령을 실행한다.
수정	S	커브 분할	커브 분할 명령을 실행한다.
보기	Z	윈도우 줌	선택한 윈도우를 확대한다.
보기	F	맞추기	현재 요소가 화면에 꽉 차게 뷰를 확대/축소한다.
보기	SHIFT+Z	요소(entity) 줌	선택한 요소가 화면에 꽉 차게 뷰를 확대/축소한다.
보기	ALT + 1	최고점 뷰	WCS 뷰에서 최고점 뷰를 설정한다.
보기	ALT + 2	정면 뷰	WCS 뷰에서 정면 뷰를 설정한다.
보기	ALT + 3	좌측면 뷰	WCS 뷰에서 좌측면 뷰를 설정한다.
보기	ALT + 4	우측면 뷰	WCS 뷰에서 우측면 뷰를 설정한다.
보기	ALT + 5	후면 뷰	WCS 뷰에서 후면 뷰를 설정한다.
보기	ALT + 6	최저점 뷰	WCS 뷰에서 최저점 뷰를 설정한다.
보기	ALT + 7	좌정면 뷰	WCS 뷰에서 좌정면 뷰를 설정한다.
보기	ALT + 8	우정면 뷰	WCS 뷰에서 우정면 뷰를 설정한다.
보기	CTRL + 1	최고점 뷰	현재 작업평면에 최고점 뷰를 설정한다.
보기	CTRL + 2	정면 뷰	현재 작업평면에 정면 뷰를 설정한다.
보기	CTRL + 3	좌측면 뷰	현재 작업평면에 좌측면 뷰를 설정한다.
보기	CTRL + 4	우측면 뷰	현재 작업평면에 우측면 뷰를 설정한다.
보기	CTRL + 5	후면 뷰	현재 작업평면에 후면 뷰를 설정한다.
보기	CTRL + 6	최저점 뷰	현재 작업평면에 최저점 뷰를 설정한다.

메뉴	단축키	명령어	내용
보기	CTRL + 7	좌정면 뷰	현재 작업평면에 좌정면 뷰를 설정한다.
보기	CTRL + 8	우정면 뷰	현재 작업평면에 우정면 뷰를 설정한다.
보기	H	숨김	선택한 요소를 숨긴다.
보기	CTRL+H	숨김 해제	숨겨진 요소를 보이게 한다.
보기	F2	페이스 표시	페이스 요소만 표시하고 그 외의 요소는 숨긴다.
보기	F3	솔리드 표시	솔리드 요소만 표시하고 그 외의 요소는 숨긴다.
보기	F4	메시 표시	메시 요소만 표시하고 그 외의 요소는 숨긴다.
보기	F5	커브 표시	커브 요소만 표시하고 그 외의 요소는 숨긴다.
보기	F6	모두 표시	모든 요소를 표시한다.
작업평면	W	절대 좌표계에서	작업평면을 절대 좌표계와 일치시킨다.
작업평면	V	뷰에서	작업평면을 뷰 방향과 일치시킨다.
작업평면	SHIFT+C	커브에서	커브에서 명령을 실행한다.
작업평면	SHIFT+S	페이스에서	페이스에서 명령을 실행한다.
작업평면	SHIFT+ ,	이동	이동 명령을 실행한다.
작업평면	ALT+X	회전 – X축 중심	회전 – X축 중심 명령을 실행한다.
작업평면	ALT+Y	회전 – Y축 중심	회전 – Y축 중심 명령을 실행한다.
작업평면	ALT+Z	회전 – Z축 중심	회전 – Z축 중심 명령을 실행한다.
작업평면	ALT+W	숨기기/숨기기 취소	작업평면을 화면에서 숨기거나 숨기기를 취소한다.
분석	I	요소(Entity) 속성	요소(Entity) 속성 명령을 실행한다.
분석	CTRL+I	2요소(Entity) 정보	2요소(Entity) 정보 명령을 실행한다.
hyperMILL	CTRL+SHIFT+M	탐색 창	hyperMILL 탐색 창을 연다.
도움말	F1	도움말	도움말 창이 열린다.

하이퍼밀(hyperMILL) 5축 머시닝센터 가공

드래프트 작성(Drafting)

CHAPTER II

1. $_x$•$_z^y$ 포인트 절대값/델타(Point Abs/Delta)

좌표값 또는 참조 점으로부터의 거리 각도 값을 입력하여 포인트를 생성한다.

▶ 선택: 포인트를 생성할 절대값 또는 델타/편각을 계산할 원점으로 사용될 좌
표값을 입력한다. 마우스로 직접 클릭 또는 X, Y, Z 좌표 값을 입력하여 정의
한다.

▶ 모드: 포인트의 생성 방법을 선택한다.

* 절대값 모드에서는 위치를 정의하는 즉시 포인트가 생성된다.

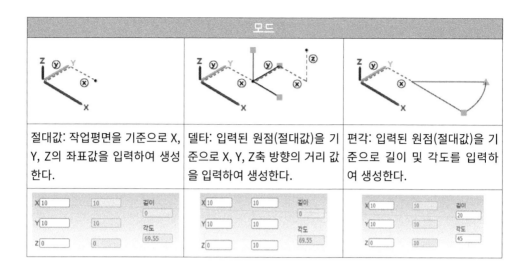

모드		
절대값: 작업평면을 기준으로 X, Y, Z의 좌표값을 입력하여 생성한다.	델타: 입력된 원점(절대값)을 기준으로 X, Y, Z축 방향의 거리 값을 입력하여 생성한다.	편각: 입력된 원점(절대값)을 기준으로 길이 및 각도를 입력하여 생성한다.

2. 페이스 위 포인트(Points on Face)

페이스 위에 하나 또는 여러 개의 포인트를 생성한다.

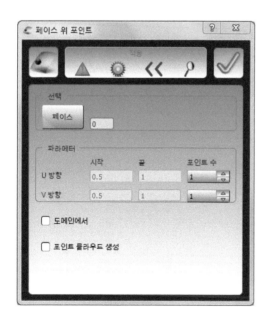

▶ 선택: 포인트 생성에 참조할 페이스를 선택한다.

▶ 파라미터: 페이스의 U, V 방향의 파라미터 값을 입력하여 포인트의 위치를 정의한다.

▶ 도메인에서: 페이스의 트림된 영역에도 포인트를 생성한다

▶ 포인트 클라우드 생성: 단일 포인트가 아닌 묶음으로 포인트를 생성한다.

선택
 페이스: 포인트를 생성할 페이스를 선택한다.
파라미터: 페이스의 U/V 방향을 기준으로 포인트의 시작과 끝을 결정하고 개수를 설정할 수 있다.
U 방향/V 방향: U/V 방향의 파라미터 값을 기준으로 생성될 포인트의 위칫 값을 입력한다. 시작/끝: 포인트 수가 한 개일 경우에는 시작 값만, 두 개 이상인 경우에는 시작과 끝 값을 각각 입력한다. 포인트 수: U/V 방향의 포인트 수를 입력한다.

U/V 방향 포인트 개수가 모두 1인 경우	U 방향 포인트 개수 4, V 방향 포인트 개수 1인 경우

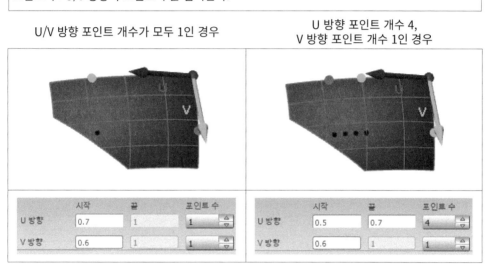

U 방향 포인트 개수 4, V 방향 포인트 개수 3인 경우

도메인에서	
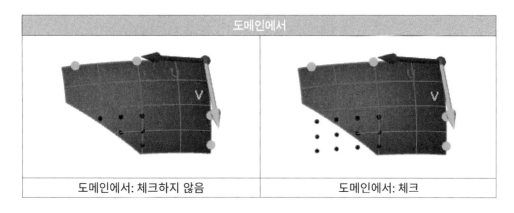	
도메인에서: 체크하지 않음	도메인에서: 체크

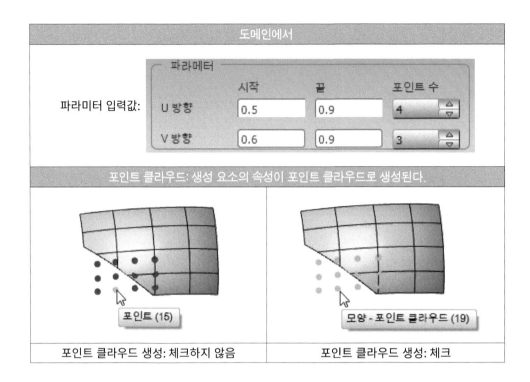

도메인에서			
파라미터			
파라미터 입력값:	시작	끝	포인트 수
U 방향	0.5	0.9	4
V 방향	0.6	0.9	3

포인트 클라우드: 생성 요소의 속성이 포인트 클라우드로 생성된다.	
포인트 (15)	모양 - 포인트 클라우드 (19)
포인트 클라우드 생성: 체크하지 않음	포인트 클라우드 생성: 체크

3. 커브 위 포인트(Points on Curve)

커브 위에 하나 또는 여러 개의 포인트를 생성한다.

▶ 선택: 커브를 선택한다.

▶ 파라미터: 커브의 파라미터를 따라 정렬된다.

▶ 확장 시: 커브 파라미터를 임시 확장시킨다.

▶ 길이 기준: 시작과 끝을 커브의 길이로 표시한다.

선택

커브

포인트를 생성할 커브를 선택한다.

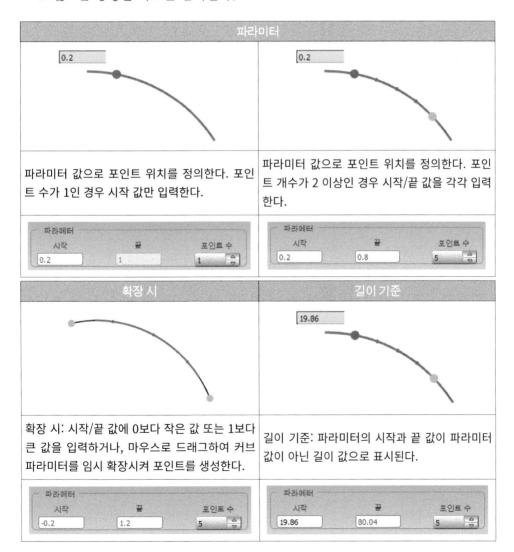

파라미터	
파라미터 값으로 포인트 위치를 정의한다. 포인트 수가 1인 경우 시작 값만 입력한다.	파라미터 값으로 포인트 위치를 정의한다. 포인트 개수가 2 이상인 경우 시작/끝 값을 각각 입력한다.

파라메터			
시작	끝		포인트 수
0.2	1		1

파라메터			
시작	끝		포인트 수
0.2	0.8		5

확장 시	길이 기준
확장 시: 시작/끝 값에 0보다 작은 값 또는 1보다 큰 값을 입력하거나, 마우스로 드래그하여 커브 파라미터를 임시 확장시켜 포인트를 생성한다.	길이 기준: 파라미터의 시작과 끝 값이 파라미터 값이 아닌 길이 값으로 표시된다.

파라메터			
시작	끝		포인트 수
-0.2	1.2		5

파라메터			
시작	끝		포인트 수
19.86	80.04		5

포인트 클라우드 생성

요소의 속성이 포인트 클라우드로 생성된다.

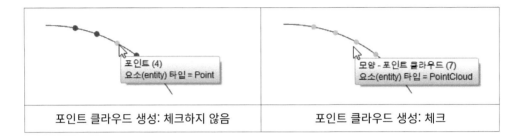

포인트 클라우드 생성: 체크하지 않음	포인트 클라우드 생성: 체크

4. ✎ 교차점(Intersection points)

커브와 커브 또는 페이스와 커브 간의 교차점을 생성한다.

▶ 선택: 포인트를 생성할 요소를 선택한다.

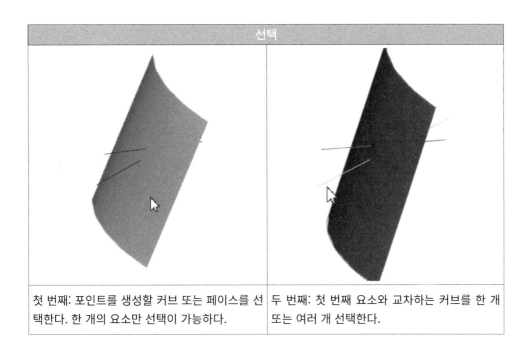

선택
첫 번째: 포인트를 생성할 커브 또는 페이스를 선택한다. 한 개의 요소만 선택이 가능하다.	두 번째: 첫 번째 요소와 교차하는 커브를 한 개 또는 여러 개 선택한다.

▶ 총 포인트 수: 생성되는 포인트의 개수가 표시된다.

5. 투영 포인트(Projection points)

투영된 포인트를 생성한다.

▶ 선택: 투영할 포인트를 선택한다.

▶ 투영 방향: 선택한 포인트를 투영할 방향을 선택한다.

▶ 평면 정의: 투영할 평면을 선택한다.

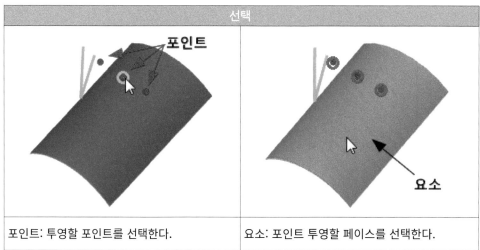

선택	
포인트: 투영할 포인트를 선택한다.	요소: 포인트 투영할 페이스를 선택한다.

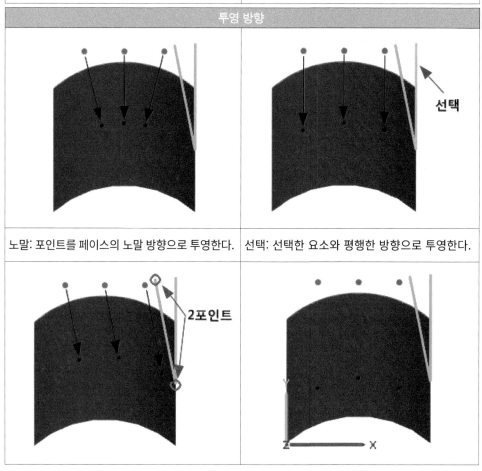

투영 방향	
노말: 포인트를 페이스의 노말 방향으로 투영한다.	선택: 선택한 요소와 평행한 방향으로 투영한다.

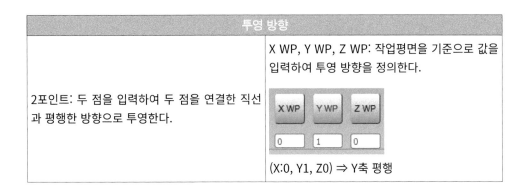

투영 방향	
2포인트: 두 점을 입력하여 두 점을 연결한 직선과 평행한 방향으로 투영한다.	X WP, Y WP, Z WP: 작업평면을 기준으로 값을 입력하여 투영 방향을 정의한다. (X:0, Y1, Z0) ⇒ Y축 평행

평면에서: 이 옵션을 체크하면 **선택-요소(entity)** 항목이 비활성화되고 **평면 정의** 항목이 활성화된다. 평면 정의 항목에서 정의된 가상의 평면에 포인트를 투영한다.

6. 스케치(Sketch)

한 개 선/호 또는 연속된 여러 개의 선/호를 생성한다.

▶ 좌표: 끝점의 위칫값을 정의하는 방법을 선택한다.

▶ 순서: 모노는 단일 선 또는 호를, 복수는 연속된 폴리라인을 생성한다.

▶ 구조: 생성되는 요소 타입을 선택한다.

▶ 제한: 다른 요소와의 탄젠트 또는 노말 스냅을 잡을 수 있다.

▶ 참조 평면: 스케치 작업이 이루어지는 참조 평면을 정의한다.

▶ 좌표값 또는 스냅 포인트를 사용하여 시작점을 입력하고 지정한 구조 및 제한 방식으로 끝점의 위치를 입력한다.

좌표	
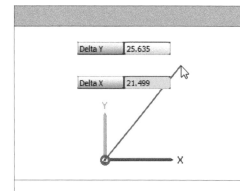	
데카르트: 시작점에서 입력한 Delta X, Y값만큼 이동된 위치에 끝점을 정의한다. X/Y축 방향은 작업평면의 축 방향을 따른다.	극좌표: 시작점에서 입력한 거리 값과 각도 값만큼 이동된 위치에 끝점을 정의한다. 각도는 작업평면의 X축을 0°로 하여 시계 반대 방향이 (+), 시계 방향이 (-) 값을 가진다.

순서	
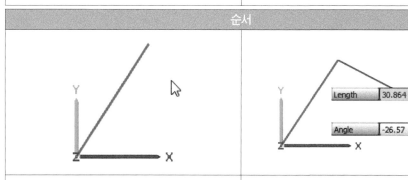	
모노: 단일 라인을 생성한다. 라인을 그릴 때마다 시작점과 끝점을 입력한다.	복수: 폴리라인을 생성한다. 라인의 끝점은 다음 라인의 시작점이 되어 연속된 라인을 그린다.

구조		
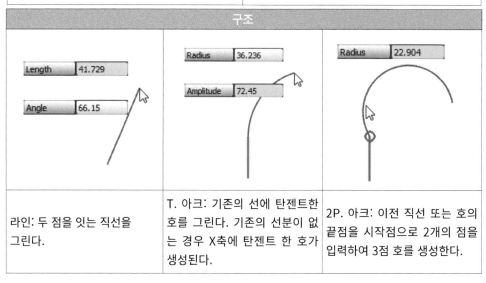		
라인: 두 점을 잇는 직선을 그린다.	T. 아크: 기존의 선에 탄젠트한 호를 그린다. 기존의 선분이 없는 경우 X축에 탄젠트 한 호가 생성된다.	2P. 아크: 이전 직선 또는 호의 끝점을 시작점으로 2개의 점을 입력하여 3점 호를 생성한다.

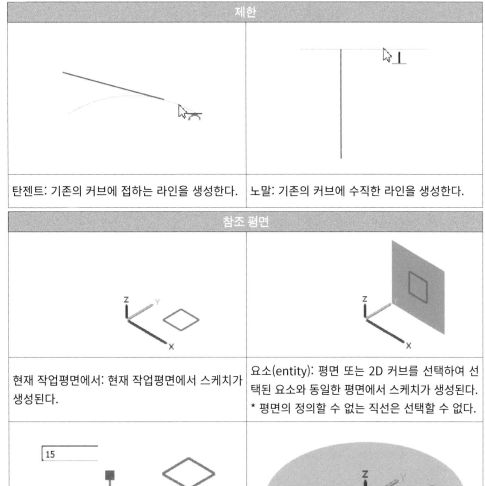

제한	
탄젠트: 기존의 커브에 접하는 라인을 생성한다.	노말: 기존의 커브에 수직한 라인을 생성한다.
참조 평면	
현재 작업평면에서: 현재 작업평면에서 스케치가 생성된다.	요소(entity): 평면 또는 2D 커브를 선택하여 선택된 요소와 동일한 평면에서 스케치가 생성된다. * 평면의 정의할 수 없는 직선은 선택할 수 없다.
참조 높이: 선택한 평면에서 수직 방향으로 높이 값을 추가한다.	참조 평면 표시: 스케치가 그려질 평면을 그래픽으로 표시한다.

콘텍스트 메뉴

▶ 중단: 순서에서 복수를 선택하여 연속된 선을 그릴 때 중단을 실행하면 새로운 시작점을 입력할 수 있다.

▶ 시작점/끝점 복사: 그리고 있는 선분의 시작점/끝점의 좌표를 클립보드로 복사한다.

스케치 자동 스냅

선의 수평, 수직 또는 기존 커브와의 수직, 평행 등이 체크된다.

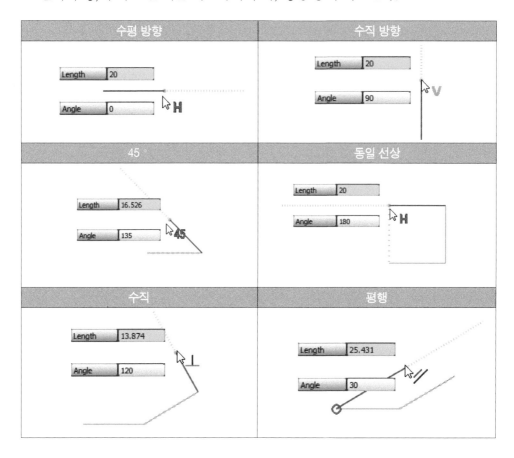

7. ✐ 평행선(Parallel line)

라인 또는 직선 형상의 커브를 선택하여 평행선을 생성한다.

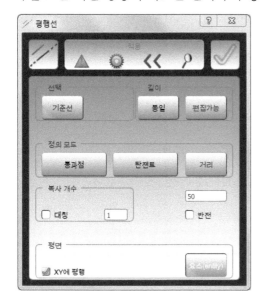

▶ 선택: 평행선을 작성하고자 하는 라인을 기준선으로 선택한다.

▶ 길이: 생성되는 평행선의 길이 값을 정의한다.

▶ 정의 모드: 평행선이 놓을 포인트 또는 평행 거리 값을 입력하여 평행선의 위치를 정의한다.

▶ 복사 개수: 생성되는 평행선의 개수를 입력한다.

▶ 평면: 평행선이 놓일 평면을 정의한다. 기본적으로 XY 평면 위에 생성되나 선택된 요소에 따라 작업자가 정의한 평면에 생성할 수도 있다.

선택

평행선을 그릴 기준선을 선택한다. 한 개의 요소만 선택할 수 있다.

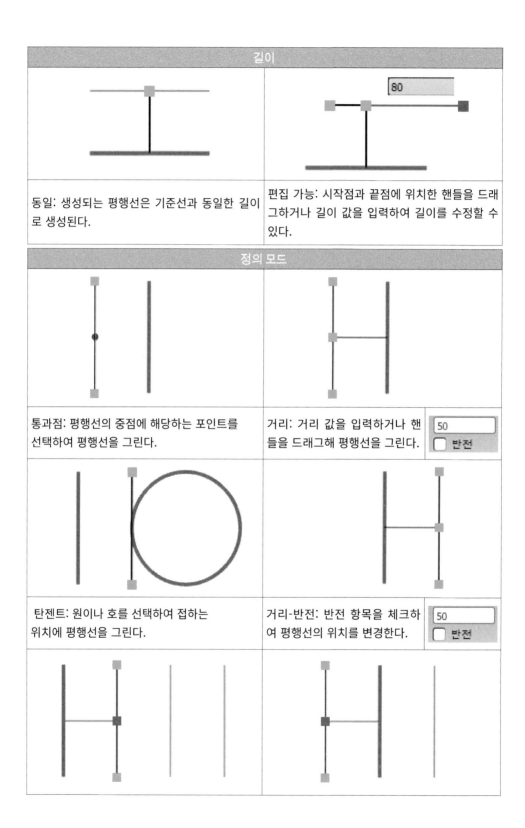

길이	
동일: 생성되는 평행선은 기준선과 동일한 길이로 생성된다.	편집 가능: 시작점과 끝점에 위치한 핸들을 드래그하거나 길이 값을 입력하여 길이를 수정할 수 있다.

정의 모드	
통과점: 평행선의 중점에 해당하는 포인트를 선택하여 평행선을 그린다.	거리: 거리 값을 입력하거나 핸들을 드래그해 평행선을 그린다.
탄젠트: 원이나 호를 선택하여 접하는 위치에 평행선을 그린다.	거리-반전: 반전 항목을 체크하여 평행선의 위치를 변경한다.

정의 모드	
복사 개수: 평행선 개수를 1보다 크게 입력하면 거리 값에 따라 연속된 평행선을 그린다.	대칭: Base Line의 양방향으로 평행선을 그린다
복사 갯수 3 ☐ 대칭	복사 갯수 1 ☑ 대칭

평면	
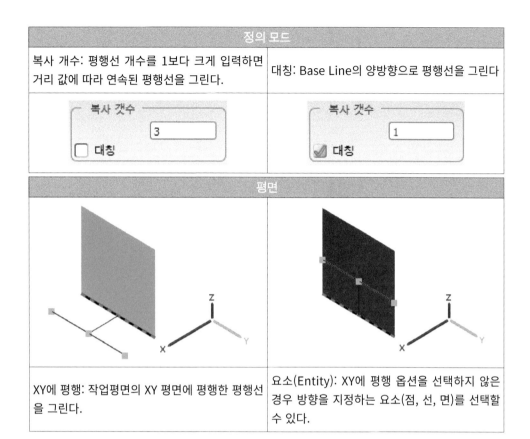	
XY에 평행: 작업평면의 XY 평면에 평행한 평행선을 그린다.	요소(Entity): XY에 평행 옵션을 선택하지 않은 경우 방향을 지정하는 요소(점, 선, 면)를 선택할 수 있다.

8.  직사각형(Rectangle)

닫힌 윤곽 또는 개별적인 라인으로 직사각형을 생성한다.

▶ 요소 타입: 생성할 요소 타입을 설정할 수 있다.

▶ 모드: 직사각형의 생성 방법을 선택한다.

▶ 회전: 생성되는 직사각형을 회전시킨다.

▶ 참조 평면: 직사각형을 생성할 작업평면을 선택한다.

★ 직사각형 요소는 중심점을 스냅할 수 있으며, 편집 〉 분해 기능으로 4개의 라인 요소로 분할할 수 있다.

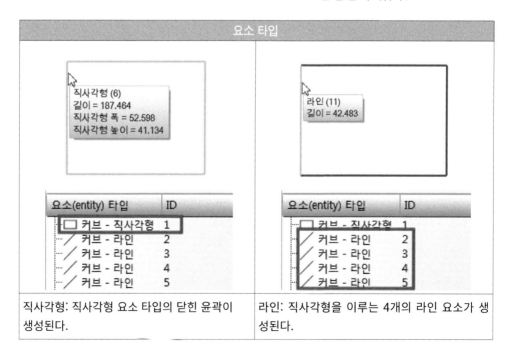

요소 타입	
직사각형 (6) 길이 = 187.464 직사각형 폭 = 52.598 직사각형 높이 = 41.134	라인 (11) 길이 = 42.483
요소(entity) 타입 / ID □ 커브 - 직사각형 1 ／ 커브 - 라인 2 ／ 커브 - 라인 3 ／ 커브 - 라인 4 ／ 커브 - 라인 5	요소(entity) 타입 / ID □ 커브 - 직사각형 1 ／ 커브 - 라인 2 ／ 커브 - 라인 3 ／ 커브 - 라인 4 ／ 커브 - 라인 5
직사각형: 직사각형 요소 타입의 닫힌 윤곽이 생성된다.	라인: 직사각형을 이루는 4개의 라인 요소가 생성된다.

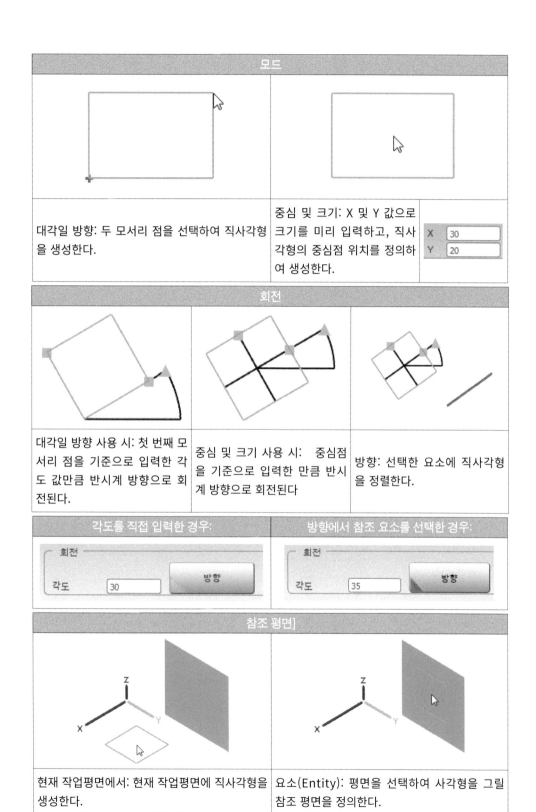

모드	
대각일 방향: 두 모서리 점을 선택하여 직사각형을 생성한다.	중심 및 크기: X 및 Y 값으로 크기를 미리 입력하고, 직사각형의 중심점 위치를 정의하여 생성한다. X `30` Y `20`

회전		
대각일 방향 사용 시: 첫 번째 모서리 점을 기준으로 입력한 각도 값만큼 반시계 방향으로 회전된다.	중심 및 크기 사용 시: 중심점을 기준으로 입력한 만큼 반시계 방향으로 회전된다	방향: 선택한 요소에 직사각형을 정렬한다.

각도를 직접 입력한 경우:	방향에서 참조 요소를 선택한 경우:
회전 각도 `30` 방향	회전 각도 `35` 방향

참조 평면]	
현재 작업평면에서: 현재 작업평면에 직사각형을 생성한다.	요소(Entity): 평면을 선택하여 사각형을 그릴 참조 평면을 정의한다.

9. 아크/원(Arc/Circle)

반지름 또는 포인트를 입력하여 원/호를 생성한다.

▶ 모드: 아크/원을 생성할 방법을 선택하다.

▶ 입력 모드: 아크/원의 크기 값을 설정한다.

▶ 포인트 모드: 아크/원 생성 시 선택 방법을 설정한다.

▶ 형상 옵션: 아크 또는 원을 선택하여 원하는 도형을 생성한다.

▶ 참조 평면: 아크/원이 생성될 작업평면을 선택한다.

모드	
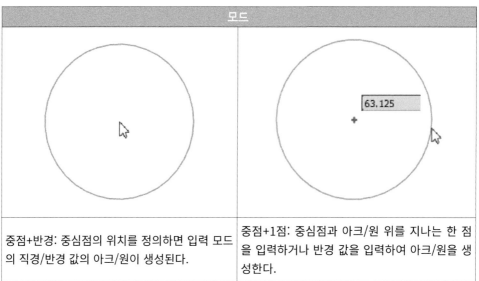	
중점+반경: 중심점의 위치를 정의하면 입력 모드의 직경/반경 값의 아크/원이 생성된다.	중점+1점: 중심점과 아크/원 위를 지나는 한 점을 입력하거나 반경 값을 입력하여 아크/원을 생성한다.

모드	
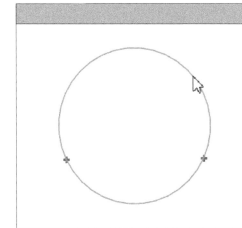	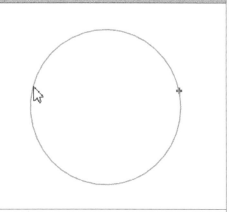
3점: 아크/원 위를 지나는 세 점을 선택하여 아크/원을 생성한다. 아크/원의 반경은 입력되는 점의 위치에 따라 결정된다.	반경+2점: 아크/원 위를 지나는 두 포인트를 선택하면 입력 모드의 직경/반경 값의 아크/원이 생성된다.

입력 모드
모드- 중점+반경, 반경+2점에서만 활성화된다.

직경/반경: 값이 직경 값인지 반경 값인지 선택하고 원하는 값을 입력한다.

포인트 모드	
모드- C+P, 3P, 반경+2점에서만 활성화된다.	

스냅: 스냅 포인트를 선택하여 아크/원을 생성한다.	탄젠트: 요소를 선택하여 선택한 요소와 접하도록 생성한다.

형상 옵션		
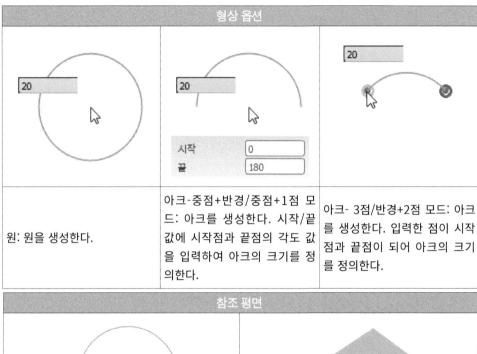		
원: 원을 생성한다.	아크-중점+반경/중점+1점 모드: 아크를 생성한다. 시작/끝 값에 시작점과 끝점의 각도 값을 입력하여 아크의 크기를 정의한다.	아크- 3점/반경+2점 모드: 아크를 생성한다. 입력한 점이 시작점과 끝점이 되어 아크의 크기를 정의한다.
참조 평면		
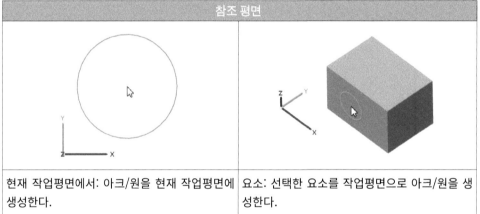		
현재 작업평면에서: 아크/원을 현재 작업평면에 생성한다.		요소: 선택한 요소를 작업평면으로 아크/원을 생성한다.

10. 2D 필렛(2D Fillet)

여러 선 사이에 필렛을 만든다.

▶ 선택: 필렛을 생성할 커브들을 선택
한다. 체인 커브인 경우에는 연속된
여러 개의 커브를 선택할 수 있다.

▶ 자동 트림: 필렛을 입력한 모서리를
트림한다.

선택		
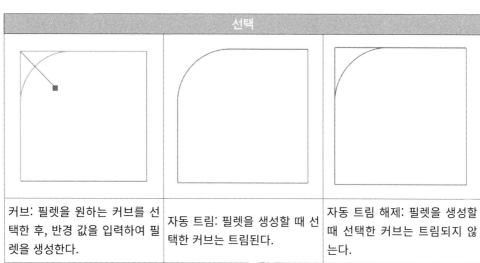		
커브: 필렛을 원하는 커브를 선택한 후, 반경 값을 입력하여 필렛을 생성한다.	자동 트림: 필렛을 생성할 때 선택한 커브는 트림된다.	자동 트림 해제: 필렛을 생성할 때 선택한 커브는 트림되지 않는다.

11. ⊐ 2D 챔퍼(2D Chamfer)

여러 선 사이에 챔퍼를 만든다.

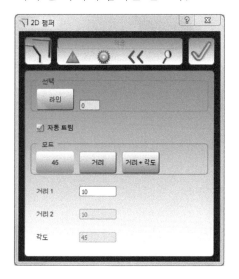

▶ 선택: 챔퍼를 생성할 두 커브를 선택한다. 체인 커브인 경우에는 연속된 여러 개의 커브를 선택할 수 있다.

▶ 자동 트림: 챔퍼를 입력한 모서리를 트림한다.

▶ 모드: 챔퍼를 생성할 방법을 선택한다.

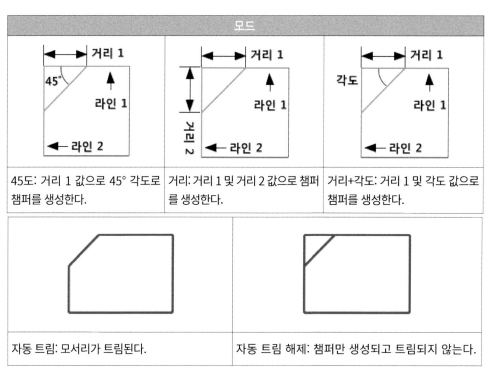

모드		
45도: 거리 1 값으로 45° 각도로 챔퍼를 생성한다.	거리: 거리 1 및 거리 2 값으로 챔퍼를 생성한다.	거리+각도: 거리 1 및 각도 값으로 챔퍼를 생성한다.
자동 트림: 모서리가 트림된다.		자동 트림 해제: 챔퍼만 생성되고 트림되지 않는다.

1. 📖 평면(Plane)

평면 페이스를 생성한다.

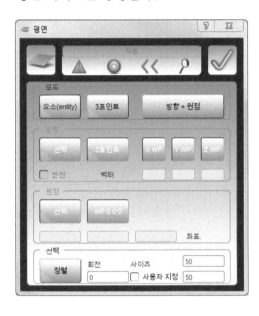

▶ 모드: 평면을 생성할 방법을 선택한다.

▶ 방향: 생성할 평면에 수직한 방향을 설정한다. (방향+원점 모드에서 사용)

▶ 원점: 생성할 평면의 원점을 설정한다. (방향+원점 모드에서 사용).

▶ 선택: 생성할 평면의 회전 각도 또는 크기를 설정한다.

모드	
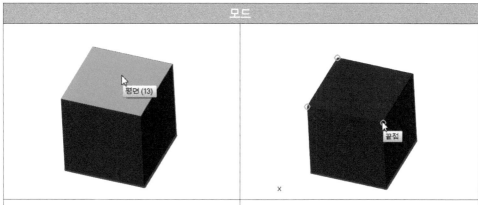	
요소: 참조로 사용할 평면을 선택하여 동일한 평면을 생성한다.	3포인트: 3포인트를 선택하여 평면을 정의한다.

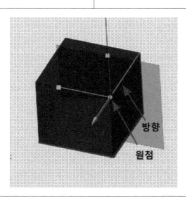

방향+원점: 생성하고자 하는 평면에 수직한 방향을 선택한 후 원하는 위치에 생성할 평면의 원점을 선택한다.

방향	
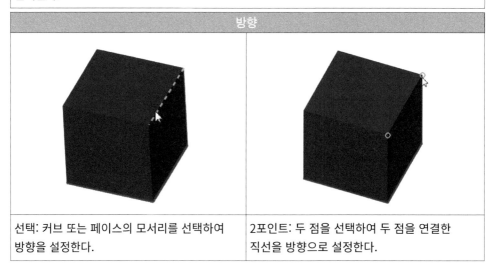	
선택: 커브 또는 페이스의 모서리를 선택하여 방향을 설정한다.	2포인트: 두 점을 선택하여 두 점을 연결한 직선을 방향으로 설정한다.

방향
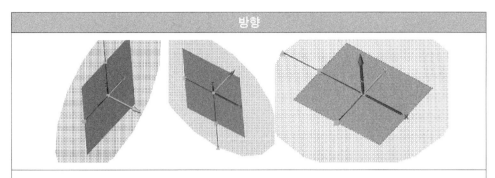
X WP, Y WP, Z WP: 작업평면 축을 참조로 방향을 설정한다.

원점	
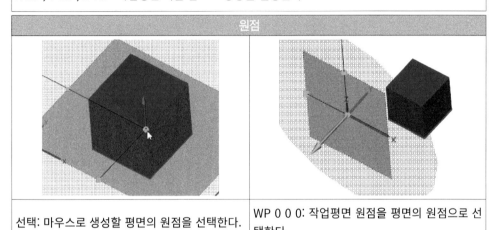	
선택: 마우스로 생성할 평면의 원점을 선택한다.	WP 0 0 0: 작업평면 원점을 평면의 원점으로 선택한다.

선택	
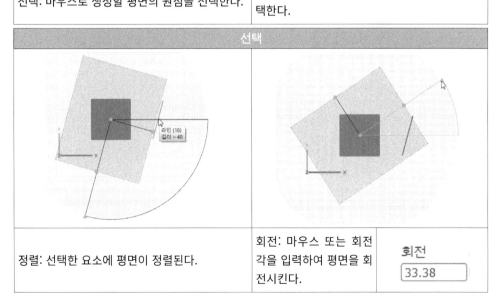	
정렬: 선택한 요소에 평면이 정렬된다.	회전: 마우스 또는 회전각을 입력하여 평면을 회전시킨다. 회전 33.38

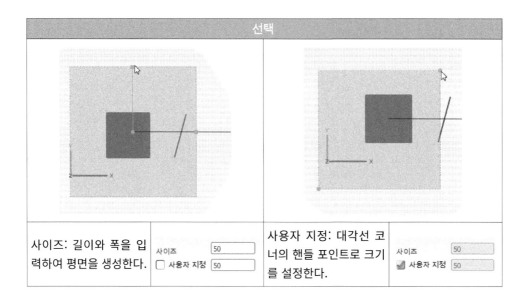

선택			
사이즈: 길이와 폭을 입력하여 평면을 생성한다.	사이즈 50 ☐ 사용자 지정 50	사용자 지정: 대각선 코너의 핸들 포인트로 크기를 설정한다.	사이즈 50 ☑ 사용자 지정 50

2. 경계 평면(Bounded Plane)

평면형 바운더리 및 평면에 가까운 바운더리를 기반으로 평면 페이스를 생성한다.

▶ 선택: 평면을 생성할 커브를 선택한다.

▶ 평균 평면: 곡선형 바운더리 커브를 기준으로 페이스를 생성한다.

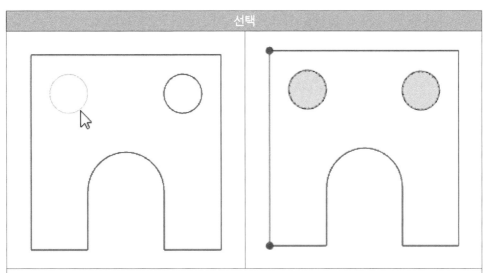

선택

커브: 드래그, 클릭 또는 체인 등의 방법을 사용하여 경계 평면을 생성할 커브를 선택한다. 닫힌 루프가 선택되면 평면 페이스가 미리보기 된다. 열려 있는 경계는 끝부분이 빨간색 점으로 표시된다. Ctrl 버튼을 눌러 선택 취소를 할 수 있다.

여러 개의 닫힌 루프를 선택할 수 있으며, 선택한 루프 개수만큼의 평면이 생성된다.

복수 평면의 커브

닫힌 루프 수: 복수 평면에서의 닫힌 루프 개수가 표시된다. 닫힌 루프들이 서로 다른 평면상에 위치하는 경우에 표시된다.

* 닫힌 루프 내부의 닫힌 루프 또는 교차하는 선이 이루는 닫힌 루프는 무시하고 닫힌 루프의 개수만큼의 평면이 생성된다.

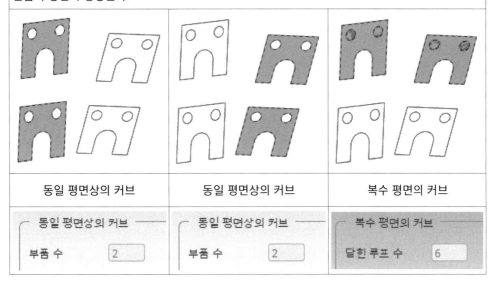

동일 평면상의 커브	동일 평면상의 커브	복수 평면의 커브
동일 평면상의 커브 부품 수 2	동일 평면상의 커브 부품 수 2	복수 평면의 커브 닫힌 루프 수 6

평균 평면

3D 곡선의 커브를 선택하여 커브 중간에 평면을 생성한다.

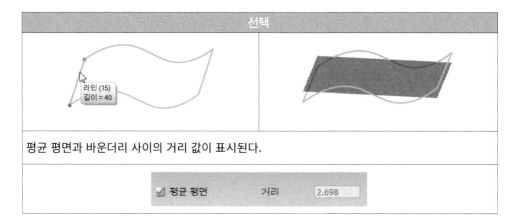

선택

평균 평면과 바운더리 사이의 거리 값이 표시된다.

동일 평면상의 커브

부품 수: 동일 평면상에서의 생성되는 평면 개수가 표시된다. 커브들이 모두 동일 평면상에 존재하는 경우에 표시된다.

– 닫힌 루프 내에 닫힌 루프가 있는 경우, 내부의 닫힌 루프는 아일랜드로 인식되어 트림된 형상의 평면이 생성된다.

– 교차하는 커브에 의하여 정의되는 닫힌 루프가 있는 경우에는 닫힌 윤곽선이 없더라도 평면이 생성된다.

– 교차하는 커브에 의하여 정의되는 닫힌 루프도 아일랜드로 인식된다.

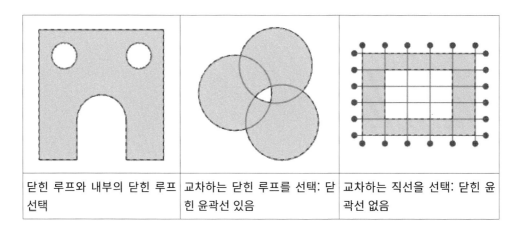

닫힌 루프와 내부의 닫힌 루프 선택	교차하는 닫힌 루프를 선택: 닫힌 윤곽선 있음	교차하는 직선을 선택: 닫힌 윤곽선 없음

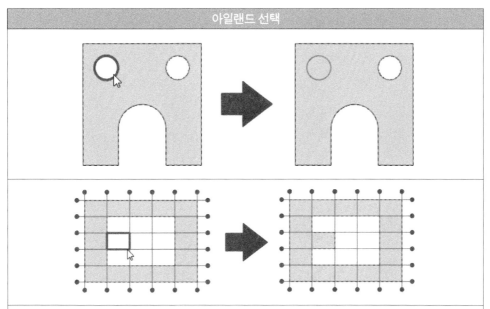

아일랜드 선택

평면 내의 아일랜드를 선택하여 메울 수 있다. 포인트 항목을 활성화하여 원하는 닫힌 루프를 선택한다. 복수 평면의 커브가 선택된 경우에는 비활성화된다.

3. ➤ 선형 스윕(Linear Sweep)

선택된 커브를 입력한 높이만큼 직선형으로 돌출시킨 페이스를 생성한다.

▶ 선택: 페이스를 생성할 커브를 선택한다.

▶ 모드: 생성할 페이스의 돌출 방향을 설정한다.

▶ 이동: 모서리 생성 방식을 선택한다. 모드-노말 방향으로 스윕하는 경우 활성화된다.

선택	
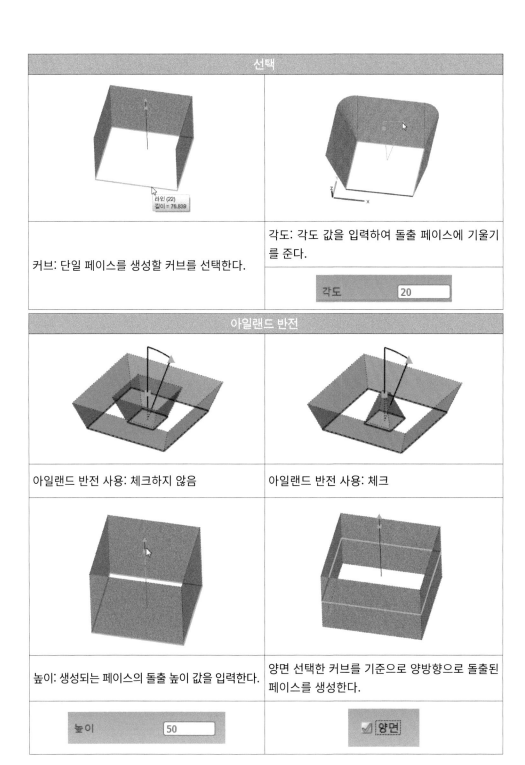	
커브: 단일 페이스를 생성할 커브를 선택한다.	각도: 각도 값을 입력하여 돌출 페이스에 기울기를 준다. 각도 [20]
아일랜드 반전	
아일랜드 반전 사용: 체크하지 않음	아일랜드 반전 사용: 체크
높이: 생성되는 페이스의 돌출 높이 값을 입력한다. 높이 [50]	양면 선택한 커브를 기준으로 양방향으로 돌출된 페이스를 생성한다. ☑ 양면

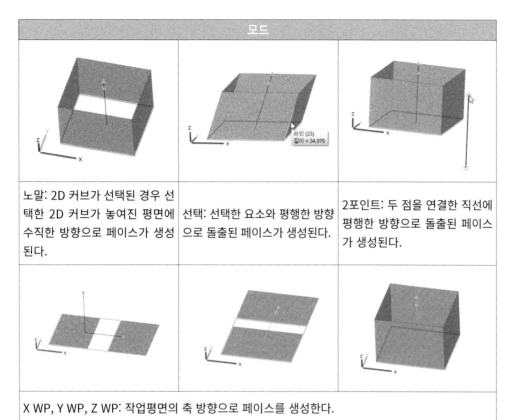

모드		
노말: 2D 커브가 선택된 경우 선택한 2D 커브가 놓여진 평면에 수직한 방향으로 페이스가 생성된다.	선택: 선택한 요소와 평행한 방향으로 돌출된 페이스가 생성된다.	2포인트: 두 점을 연결한 직선에 평행한 방향으로 돌출된 페이스가 생성된다.
X WP, Y WP, Z WP: 작업평면의 축 방향으로 페이스를 생성한다.		

라인 (23)
길이 = 34.976

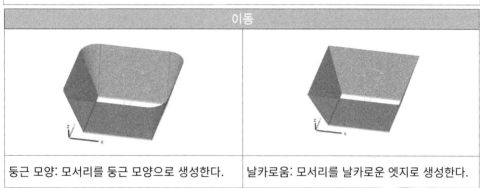

이동	
둥근 모양: 모서리를 둥근 모양으로 생성한다.	날카로움: 모서리를 날카로운 엣지로 생성한다.

기준 사용
선택한 커브가 닫힌 2D 윤곽일 경우, 상/하단을 막는 페이스를 생성한다.

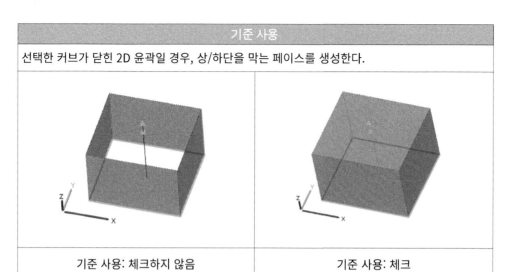

기준 사용: 체크하지 않음	기준 사용: 체크

솔리드
솔리드 옵션을 체크하면 요소 타입을 솔리드로 생성한다.

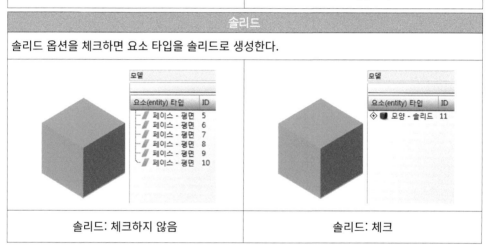

솔리드: 체크하지 않음	솔리드: 체크

4. 🏆 회전(Rotational)

선택된 커브들을 회전시켜 하나 또는 여러 개의 페이스를 생성한다.

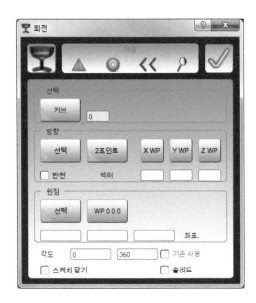

▶ 선택: 회전시킬 커브를 선택한다.

▶ 방향: 회전축의 방향을 설정한다.

▶ 원점: 회전축 원점을 설정한다.

▶ 각도: 회전시킬 각도를 설정한다.

선택
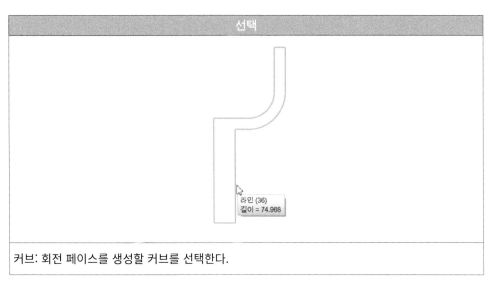
커브: 회전 페이스를 생성할 커브를 선택한다.

방향	
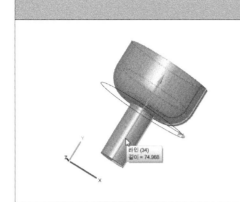	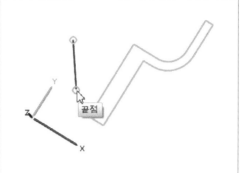
선택: 선택한 커브가 회전축의 방향으로 설정된다. 회전시킬 커브도 방향으로 선택 가능하다.	2포인트: 선택한 두 점을 연결한 직선과 평행한 방향을 회전축의 방향으로 설정한다.
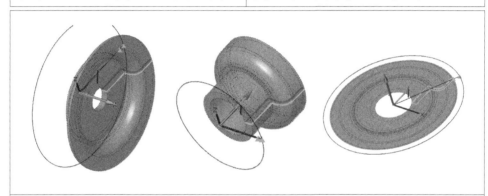	
X WP, Y WP, Z WP: 작업평면의 축을 기준으로 페이스의 방향이 설정된다.	

원점	
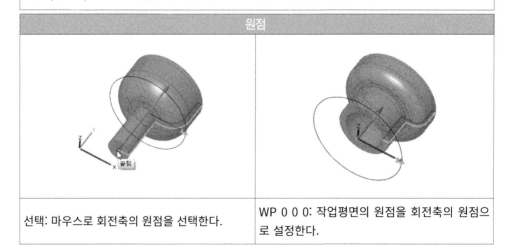	
선택: 마우스로 회전축의 원점을 선택한다.	WP 0 0 0: 작업평면의 원점을 회전축의 원점으로 설정한다.

각도
회전이 시작되는 각도와 끝나는 각도를 입력하여 입력된 각도만큼 회전된 페이스를 생성한다.

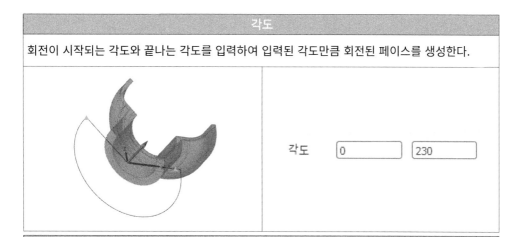

각도 [0]   [230]

기준 사용
선택한 커브가 닫힌 2D 윤곽일 경우 시작/끝 각도의 윤곽을 닫아 주는 페이스를 생성한다.

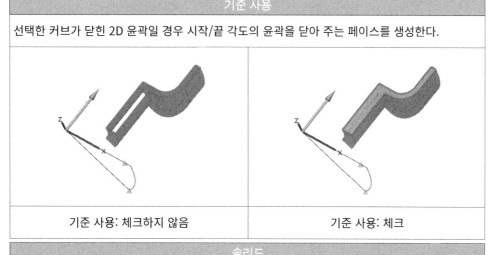

기준 사용: 체크하지 않음	기준 사용: 체크

솔리드
솔리드 옵션을 체크하면 요소 타입을 솔리드로 생성한다.

솔리드: 체크하지 않음	솔리드: 체크

스케치 닫기
열린 2D 윤곽을 회전할 때 수직인 면으로 생성된 형상의 윗면과 아랫면을 평면으로 닫아 준다. 360° 회전되는 경우 - 기준 사용 옵션은 비활성화된다.

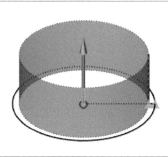	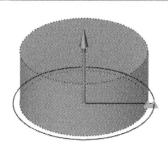
스케치 닫기: 체크하지 않음	스케치 닫기: 체크

360°보다 작은 값으로 회전되는 경우

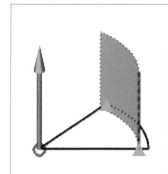	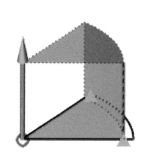	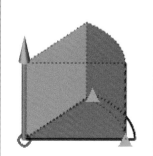
스케치 닫기: 체크하지 않음 기준 사용: 체크하지 않음	스케치 닫기: 체크 기준 사용: 체크하지 않음	스케치 닫기: 체크 기준 사용: 체크

하이퍼밀(hyperMILL) 5축 머시닝센터 가공

hyperCAD-S 2차원 모델링

▶ 컴퓨터응용밀링기능사 1

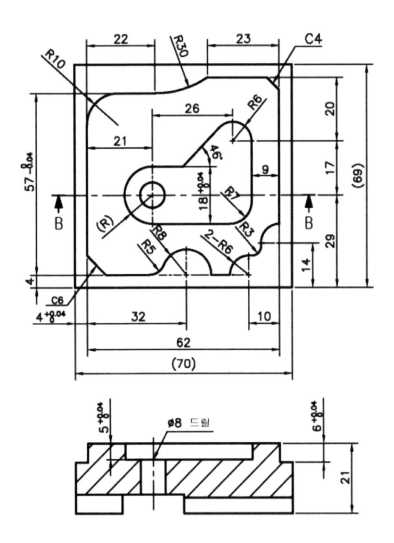

1. 스케치 작성

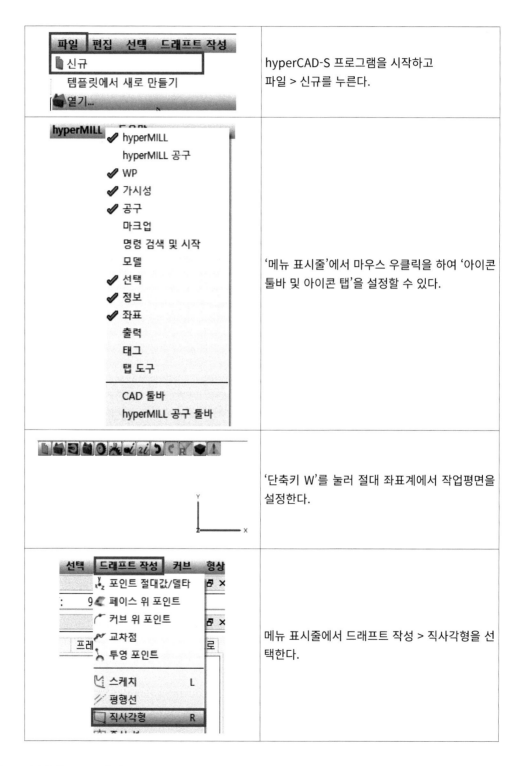 파일 편집 선택 드래프트 작성 신규 템플릿에서 새로 만들기 열기...	hyperCAD-S 프로그램을 시작하고 파일 > 신규를 누른다.
hyperMILL ✔ hyperMILL hyperMILL 공구 ✔ WP ✔ 가시성 ✔ 공구 마크업 명령 검색 및 시작 모델 ✔ 선택 ✔ 정보 ✔ 좌표 출력 태그 탭 도구 CAD 툴바 hyperMILL 공구 툴바	'메뉴 표시줄'에서 마우스 우클릭을 하여 '아이콘 툴바 및 아이콘 탭'을 설정할 수 있다.
	'단축키 W'를 눌러 절대 좌표계에서 작업평면을 설정한다.
선택 드래프트 작성 커브 형상 포인트 절대값/델타 9 페이스 위 포인트 커브 위 포인트 프레 교차점 투영 포인트 스케치 L 평행선 직사각형 R	메뉴 표시줄에서 드래프트 작성 > 직사각형을 선 택한다.

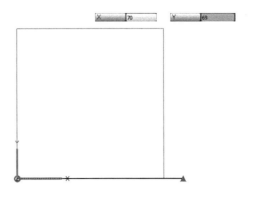

절대 좌표계 원점을 시작점으로 선택한 후 X70, Y69인 사각형을 그린다.

요소 타입: 라인/모드: 대각 일방향

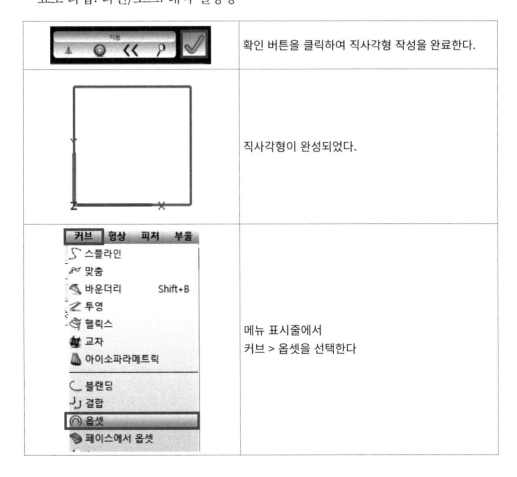

	확인 버튼을 클릭하여 직사각형 작성을 완료한다.
	직사각형이 완성되었다.
	메뉴 표시줄에서 커브 > 옵셋을 선택한다

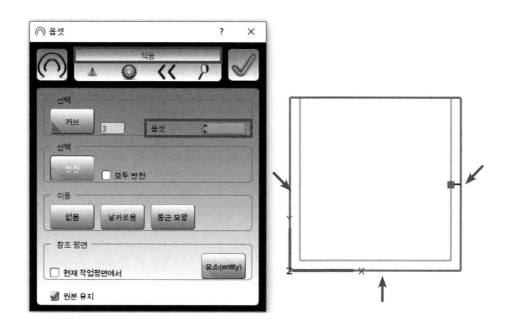

옵셋할 커브로 위의 그림과 같이 3개의 커브를 선택

옵셋 값으로 4mm를 입력하고 적용 버튼을 입력한다.

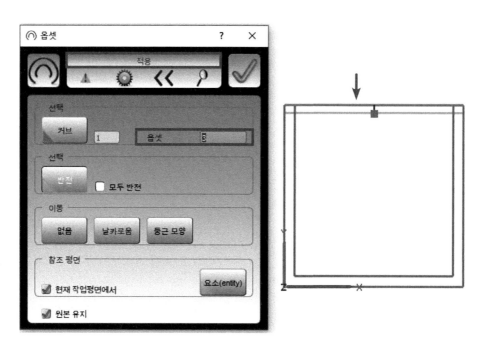

옵셋 커브로 위의 그림과 같이 1개의 커브를 선택

옵셋 값으로 3mm를 입력하고 적용 버튼을 입력한다.

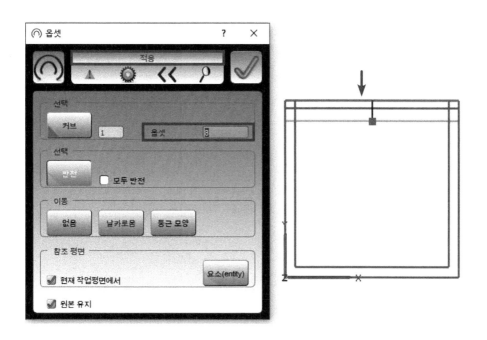

옵셋 커브로 위의 그림과 같이 1개의 커브를 선택

옵셋 값으로 8mm를 입력하고 적용 버튼을 입력한다.

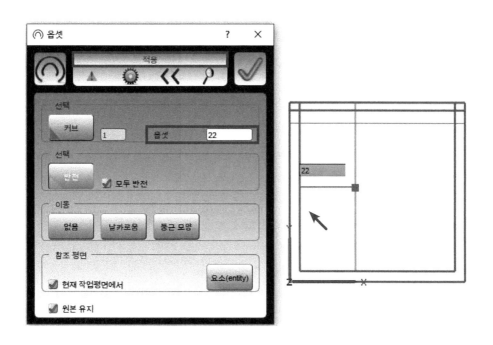

옵셋 커브로 위의 그림과 같이 1개의 커브를 선택

옵셋 값으로 22mm를 입력하고 적용 버튼을 입력한다.

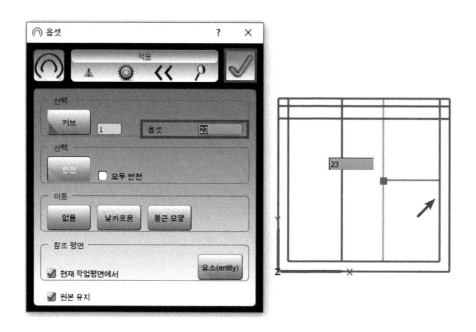

옵셋 커브로 위의 그림과 같이 1개의 커브를 선택

옵셋 값으로 8mm를 입력하고 확인 버튼을 입력한다.

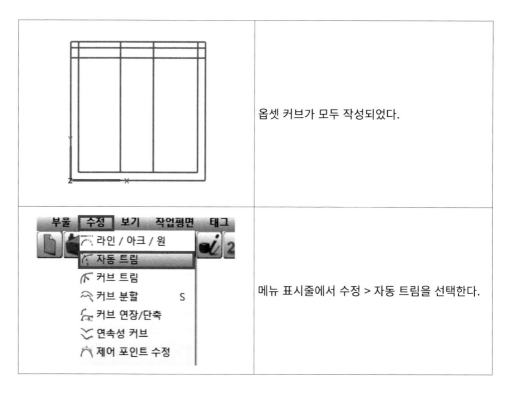

	옵셋 커브가 모두 작성되었다.
	메뉴 표시줄에서 수정 > 자동 트림을 선택한다.

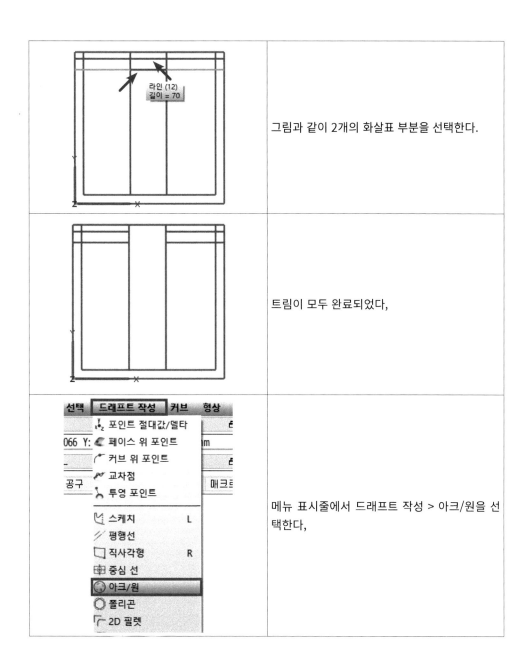

	그림과 같이 2개의 화살표 부분을 선택한다.
	트림이 모두 완료되었다,
	메뉴 표시줄에서 드래프트 작성 > 아크/원을 선택한다,

라인 (12)
길이 = 70

선택 드래프트 작성 커브 형상

⁝ᵡ₂ 포인트 절대값/델타
066 Y: 페이스 위 포인트
 커브 위 포인트
공구 교차점
 투영 포인트

스케치   L
평행선
직사각형   R
중심 선
아크/원
폴리곤
2D 필렛

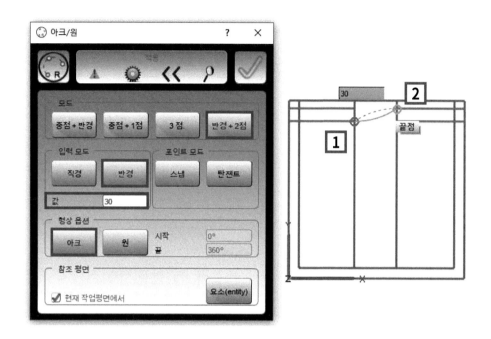

위의 그림과 같이 왼쪽 아래쪽 트림된 선의 끝점을 시작점으로 선택하고 오른쪽 위쪽에 트림 된 선을 끝점으로 선택한다.

호의 설정은 아래와 같이 설정한다.

모드: 반경+2점 / 입력 모드: 반경 / 값: 30mm / 형상 옵션: 아크

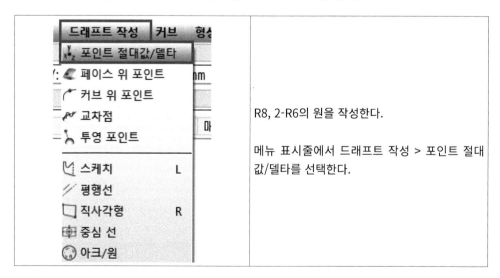

R8, 2-R6의 원을 작성한다.

메뉴 표시줄에서 드래프트 작성 > 포인트 절대값/델타를 선택한다.

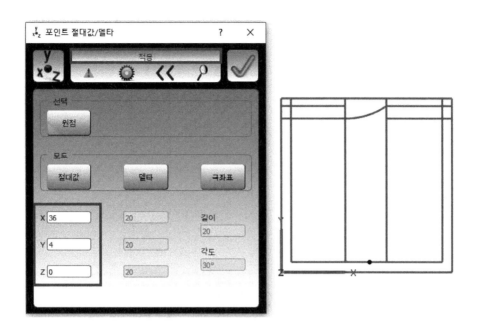

위의 그림과 같이 R8의 호가 위치할 중심 포인트를 각 좌표에 입력하고 적용을 입력한다. X: 36 / Y: 4 / Z: 0

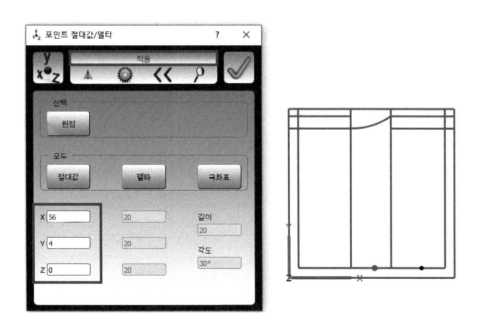

위의 그림과 같이 R8의 호가 위치할 중심 포인트를 각 좌표에 입력하고 적용을 입력한다. X: 56 / Y: 4 / Z: 0

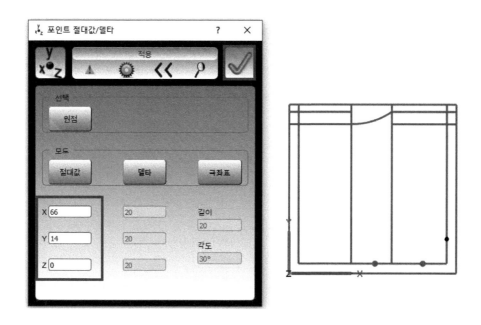

위의 그림과 같이 R8의 호가 위치할 중심 포인트를 각 좌표에 입력하고 확인을 입력한다. X: 66 / Y: 14 / Z: 0

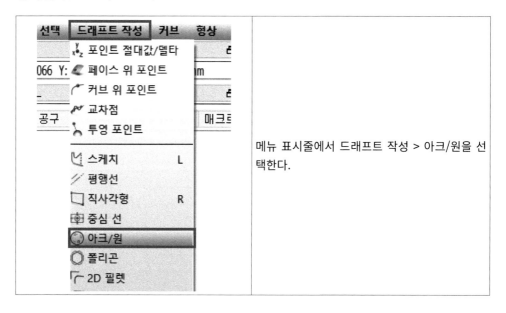

메뉴 표시줄에서 드래프트 작성 > 아크/원을 선택한다.

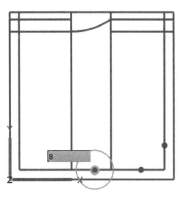

위의 그림과 같이 옵션을 정의하고 위에서 작성한 포인트를 중심으로 선택하여 원을 작성한다.

모드: 중점+반경 / 입력 모드: 반경 / 값: 8mm / 형상 옵션: 원

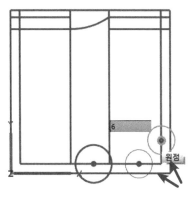

위의 그림과 같이 옵션을 정의하고 위에서 작성한 포인트를 중심으로 선택하여 원을 작성한다.

모드: 중점+반경 / 입력 모드: 반경 / 값: 6mm / 형상 옵션: 원

 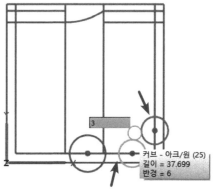

위의 그림과 같이 옵션을 정의하고 위에서 작성한 포인트를 중심으로 선택하여
원을 작성하고 ESC 키를 눌러 명령을 종료한다.

모드: 반경+2점 / 입력 모드: 반경 / 포인트 모드: 탄젠트 / 값: 3mm / 형상 옵션: 원

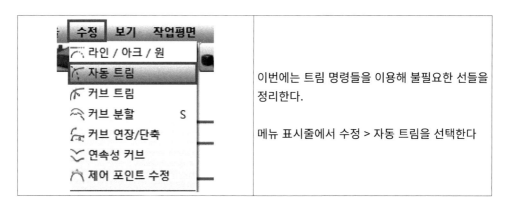

이번에는 트림 명령들을 이용해 불필요한 선들을
정리한다.

메뉴 표시줄에서 수정 > 자동 트림을 선택한다

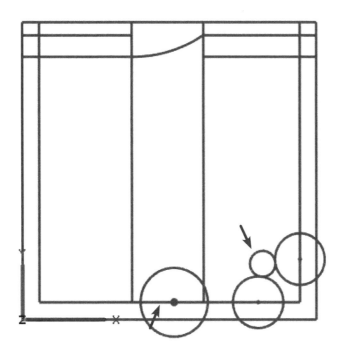

위 그림과 같이 화살표로 지시하는 선분과 원을 선택하여 트림을 진행한다.

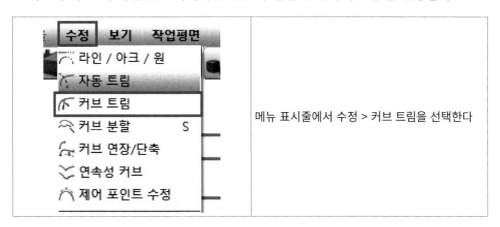

메뉴 표시줄에서 수정 > 커브 트림을 선택한다

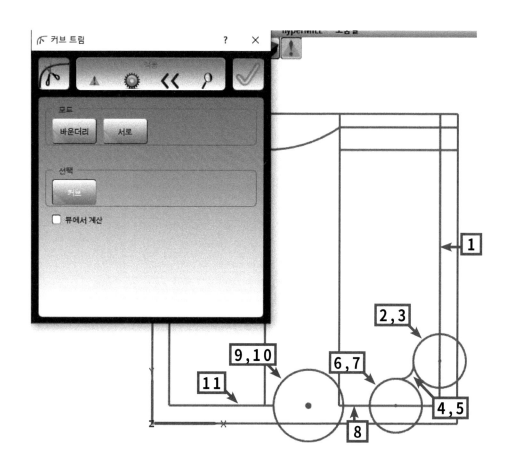

위의 그림과 같이 순서대로 선택하여 선을 정리한다.

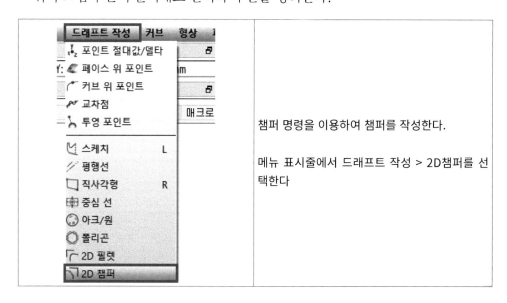

챔퍼 명령을 이용하여 챔퍼를 작성한다.

메뉴 표시줄에서 드래프트 작성 > 2D챔퍼를 선택한다

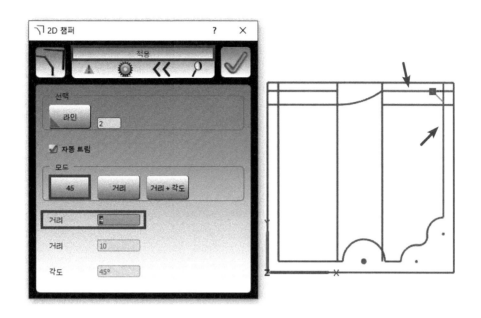

위의 그림과 같이 선을 선택하고 모드는 45를 선택하고 거리값에 4mm를 입력한
후 적용 버튼을 입력한다.

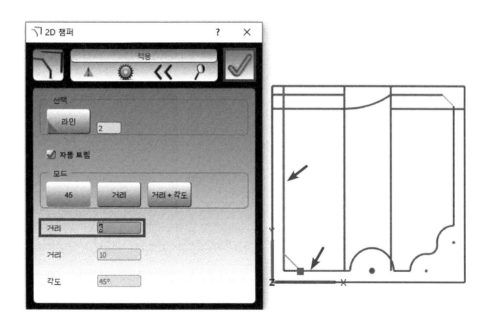

위의 그림과 같이 선을 선택하고 거리값에 6mm를 입력한 후 확인 버튼을 입력한다.

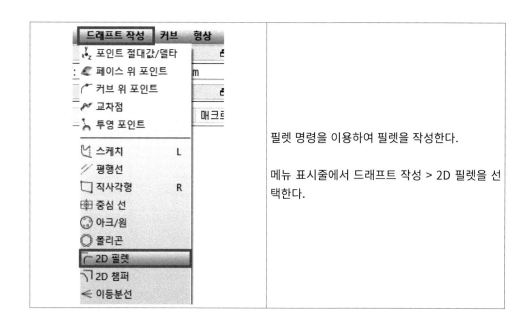

필렛 명령을 이용하여 필렛을 작성한다.

메뉴 표시줄에서 드래프트 작성 > 2D 필렛을 선택한다.

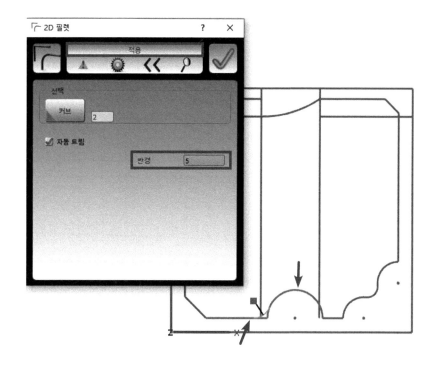

위의 그림과 같이 선들을 선택하고 반경 값으로 5mm를 입력한 후 적용을 선택한다.

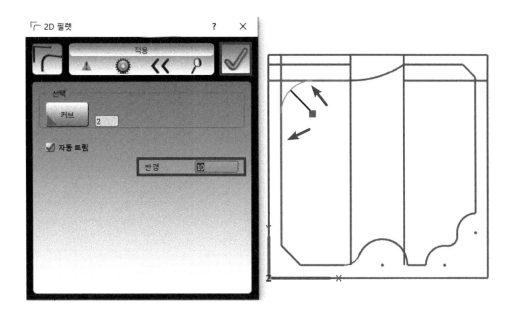

위의 그림과 같이 선들을 선택하고 반경 값으로 10mm를 입력한 후 확인을 선택한다.

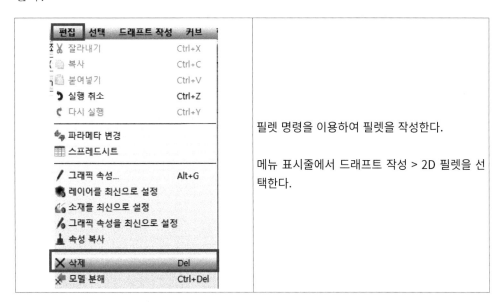	필렛 명령을 이용하여 필렛을 작성한다. 메뉴 표시줄에서 드래프트 작성 > 2D 필렛을 선택한다.

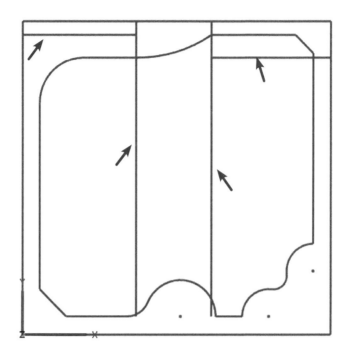

위의 그림과 같이 선들을 선택하여 삭제한다.

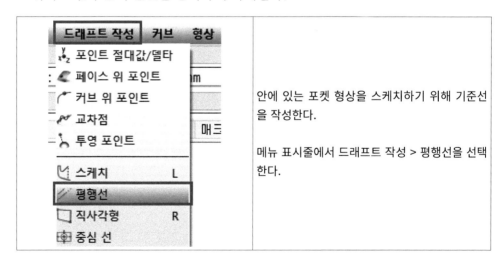

안에 있는 포켓 형상을 스케치하기 위해 기준선을 작성한다.

메뉴 표시줄에서 드래프트 작성 > 평행선을 선택한다.

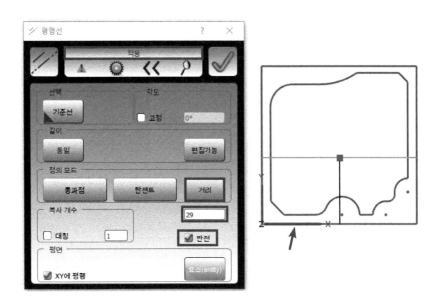

위의 그림과 같이 기준선을 선택하고 옵션을 설정한 후 적용 버튼을 입력한다.

정의 모드: 거리 / 거리 값: 29mm

★ 평행선 작성 방향이 반대일 거리값 앞에 마이너스(–) 값을 입력하거나 반전을 체크하면 된다.

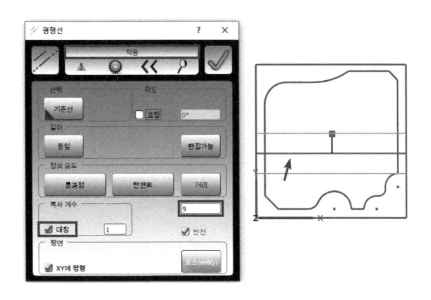

위에서 작성한 평행선을 기준으로 선택하고 위 그림과 같이 옵션을 설정한 후 적용을 입력한다.

거리값: 9mm / 대칭: on

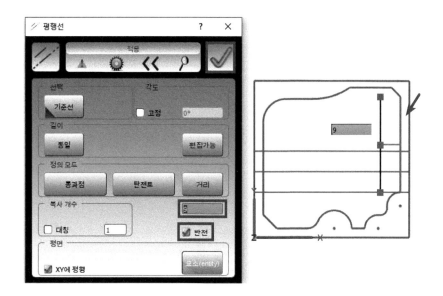

위의 그림과 같이 기준선을 선택하고 옵션을 설정한 후 확인 버튼을 입력한다.

길이: 편집 가능 / 정의 모드: 거리 / 거리 값: 9mm / 반전: on

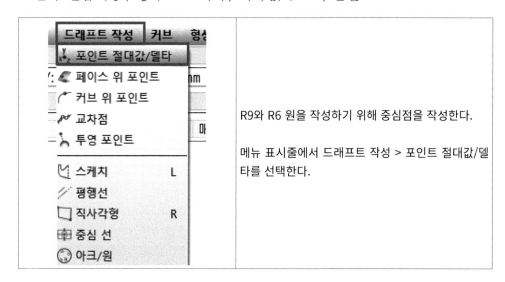	R9와 R6 원을 작성하기 위해 중심점을 작성한다. 메뉴 표시줄에서 드래프트 작성 > 포인트 절대값/델타를 선택한다.

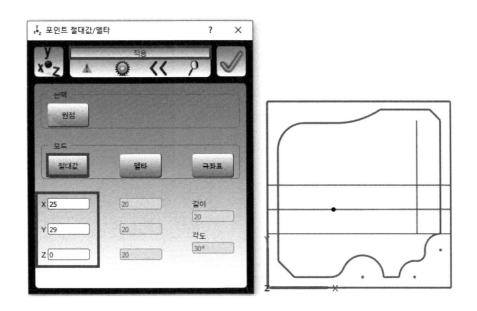

위의 그림과 같이 좌표값 중심점이 작성될 위칫값을 입력하고 적용을 입력한다.

모드: 절대값 / X: 25 / Y: 29 / Z: 0

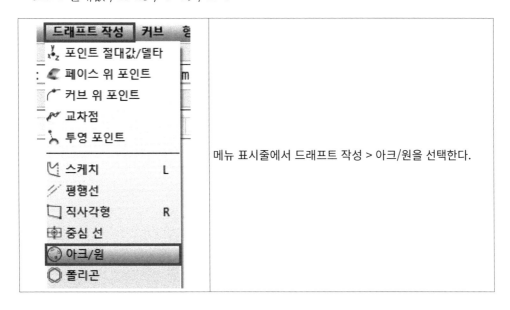

메뉴 표시줄에서 드래프트 작성 > 아크/원을 선택한다.

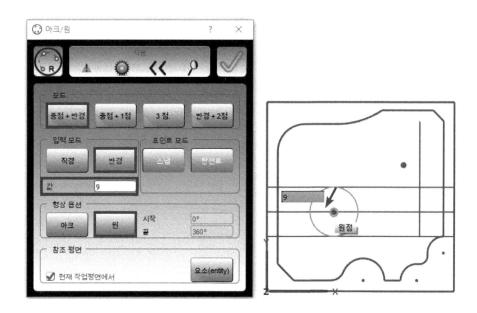

위의 그림과 같이 옵션을 정의하고 위에서 작성한 포인트를 중심으로 선택하여 원을 작성한다.

모드: 중점+반경 / 입력 모드: 반경 / 값: 9mm / 형상 옵션: 원

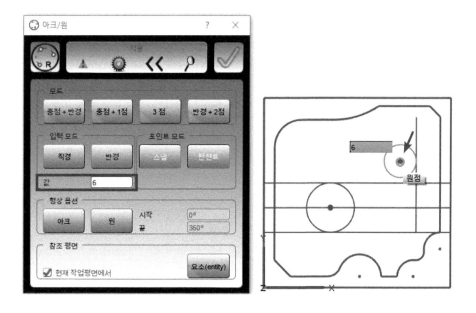

위의 그림과 같이 반경에 6mm 입력하고 위에서 작성한 포인트를 중심으로 선택하여 원을 작성한다.

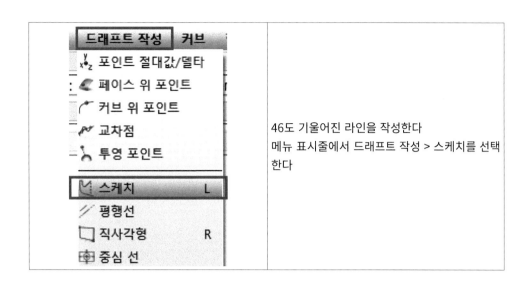

46도 기울어진 라인을 작성한다
메뉴 표시줄에서 드래프트 작성 > 스케치를 선택
한다

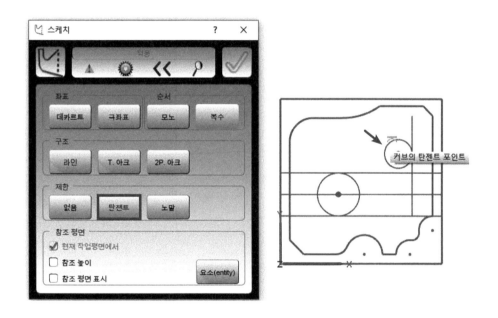

위의 그림과 같이 선의 시작점을 R6mm 원에 탄젠트 옵션을 이용하여 선택한다.

제한: 탄젠트

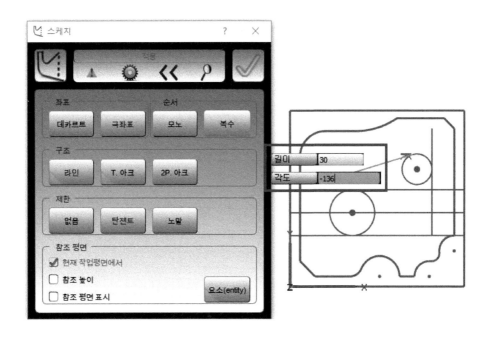

길이에 30mm를 입력하고 각도에 −136도를 입력하고 선이 작성되면 ESC 키를 입력하여 명령을 취소한다.

* Tab 키를 눌러 길이와 각도 값 입력 창을 활성화시켜 값을 입력한다.

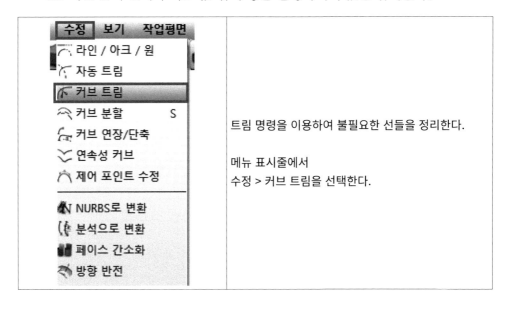

수정 보기 작업평면 ⌐ 라인 / 아크 / 원 자동 트림 커브 트림 커브 분할 S 커브 연장/단축 연속성 커브 제어 포인트 수정 NURBS로 변환 분석으로 변환 페이스 간소화 방향 반전	트림 명령을 이용하여 불필요한 선들을 정리한다. 메뉴 표시줄에서 수정 > 커브 트림을 선택한다.

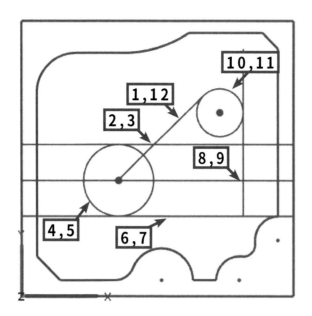

위 그림과 같이 순서대로 선택하여 불필요한 선들을 정리한다.

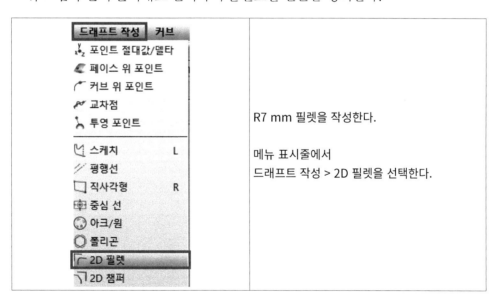

R7 mm 필렛을 작성한다.

메뉴 표시줄에서
드래프트 작성 > 2D 필렛을 선택한다.

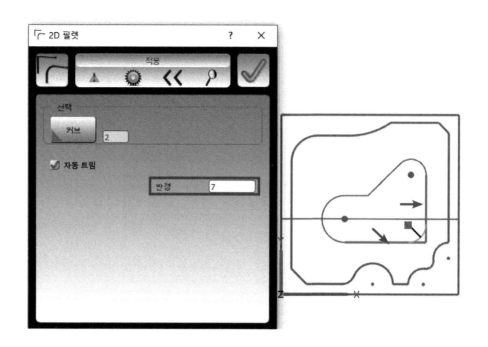

위의 그림과 같이 필렛을 작성할 선을 선택하고 반경 값에 7mm를 입력한다.
필요 없는 선들은 마우스로 선택하여 del 키를 눌러 삭제하여 정리한다

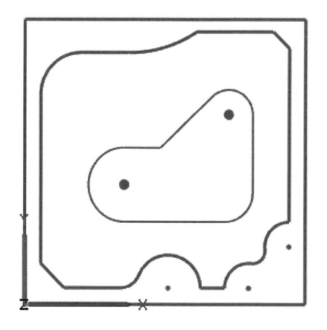

기본 스케치가 완료되었다.

2. 형상 작성

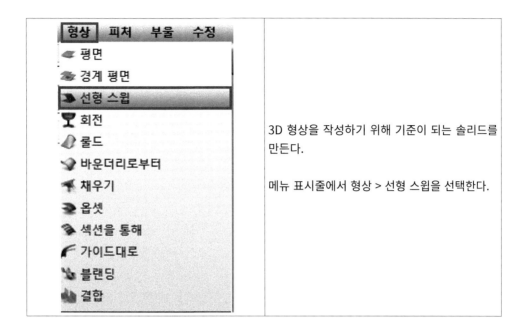

3D 형상을 작성하기 위해 기준이 되는 솔리드를 만든다.

메뉴 표시줄에서 형상 > 선형 스윕을 선택한다.

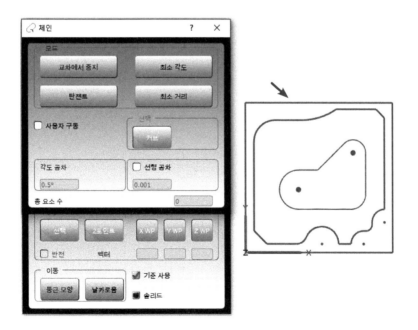

위의 그림과 같이 체인(단축키 C) 명령을 이용하여 사각형을 커브 요소로 선택한다.

* 메뉴 표시줄에서 [선택 〉 체인] 명령을 선택하거나 단축키 C를 입력하면 체인 명령이 실행된다.

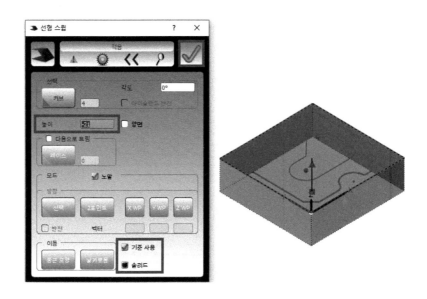

Ctrl+7을 눌러 등각으로 뷰를 변경

커브가 선택되었으면 설정창에 위의 그림과 같이 옵션을 설정하고 확인 버튼을 입력한다.

높이: −21mm / 기준 사용: on / 솔리드: on

* 높이 값 앞에 −를 입력한 이유는 역방향으로 돌출시키기 위함이다.

기준 솔리드가 완성되었다.

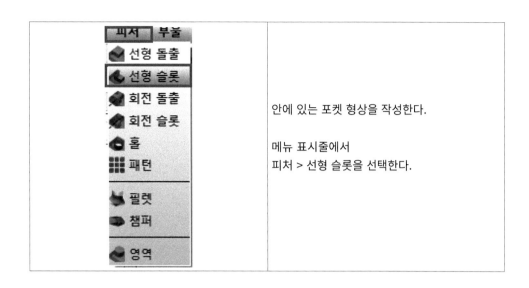

	안에 있는 포켓 형상을 작성한다. 메뉴 표시줄에서 피처 > 선형 슬롯을 선택한다.

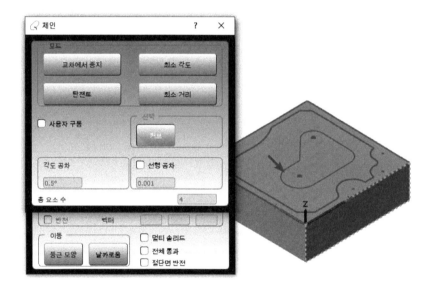

위의 그림과 같이 체인(단축키 C) 명령을 이용하여 안에 있는 포켓 형상을 커브 요소로 선택한다.

* 메뉴 표시줄에서 [선택 〉 체인] 명령을 선택하거나 단축키 C를 입력하면 체인 명령이 실행된다.

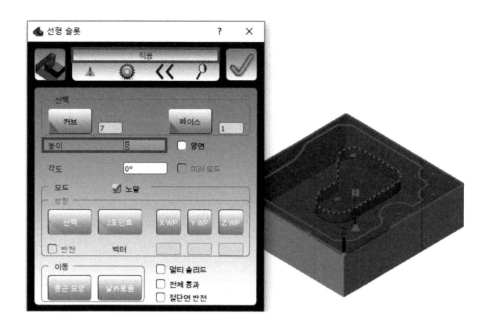

높이에 5mm를 입력하고 적용 버튼을 입력한다.

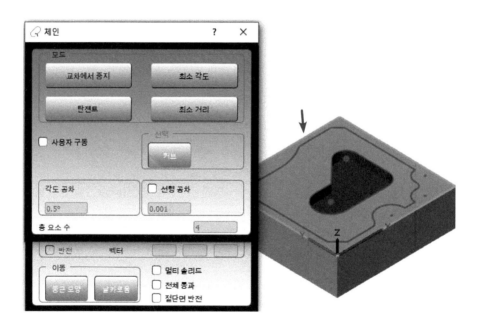

위의 그림과 같이 체인(단축키 C) 명령을 이용하여 커브를 선택한다.

　＊ 메뉴 표시줄에서 [선택 〉 체인] 명령을 선택하거나 단축키 C를 입력하면 체인 명령이 실행된다.

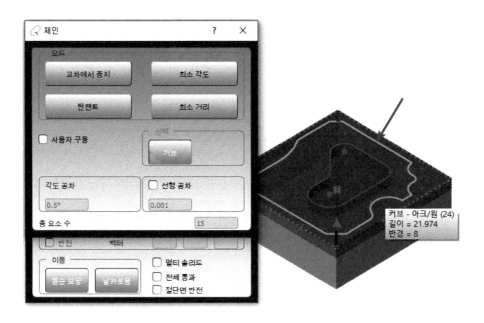

한 번 더 위의 그림과 같이 체인(단축키 C) 명령을 이용하여 커브를 선택한다.

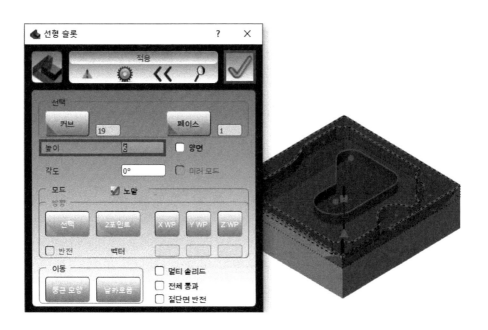

높이에 6mm를 입력하고 확인 버튼을 입력하여 형상을 완성한다.

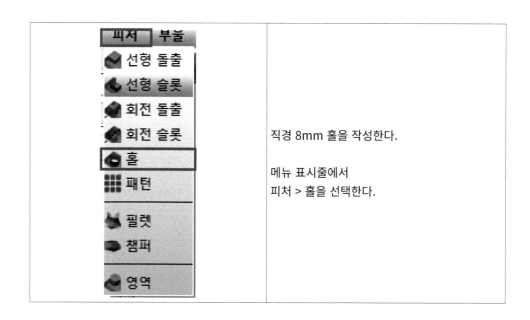

직경 8mm 홀을 작성한다.

메뉴 표시줄에서
피처 > 홀을 선택한다.

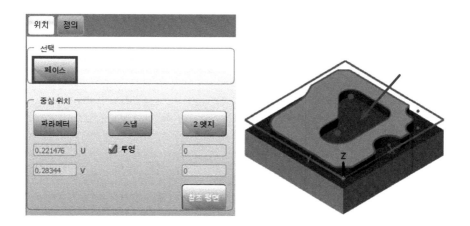

위의 그림과 같이 안에 있는 포켓 바닥 면을 페이스로 선택하고,

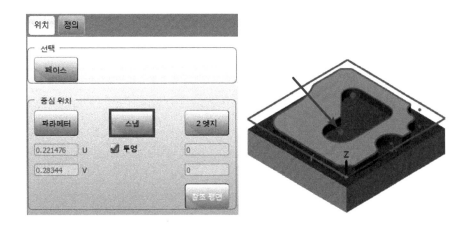

스냅 옵션을 이용하여 홀 중심점을 위의 그림과 같이 선택한다.

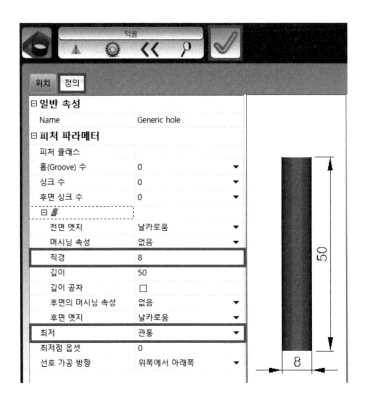

정의 탭을 입력하고 위의 그림과 같이 옵션을 설정한 후 확인 버튼을 입력한다.

직경: 8mm / 최저: 관통

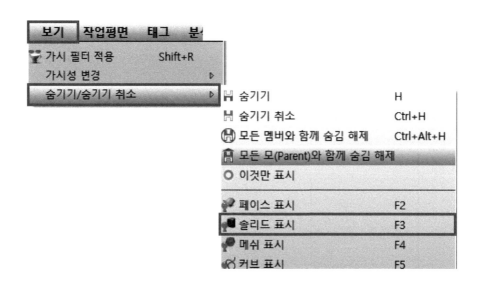

메뉴 표시줄에서 보기 〉 숨기기/숨기기 취소 〉 솔리드 표시 명령을 실행하여 스케치 선들을 모두 감춘다.

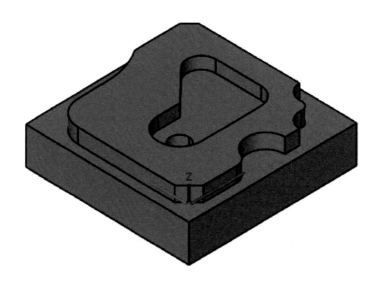

형상이 완성되었다.

하이퍼밀(hyperMILL) 5축 머시닝센터 가공

hyperCAD-S 3차원 모델링

▶ 컴퓨터응용가공산업기능사 1

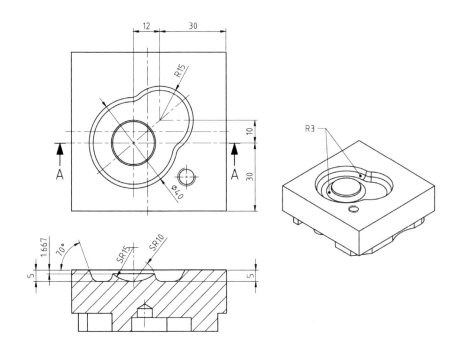

1. 3차원 모델링 작성

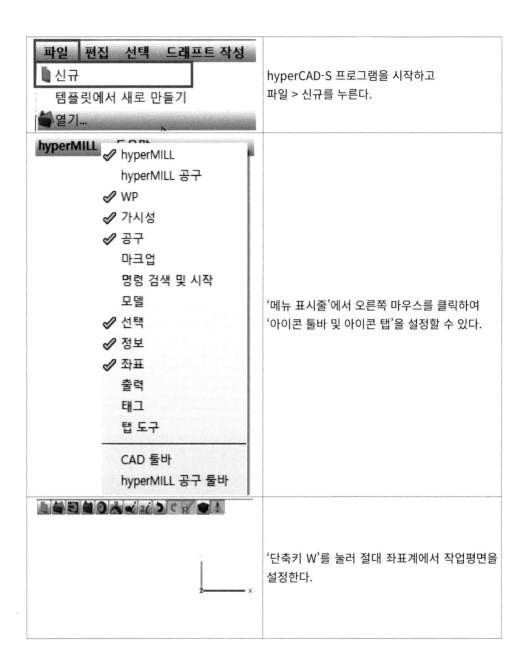

파일 편집 선택 드래프트 작성 📄 신규 템플릿에서 새로 만들기 📁 열기...	hyperCAD-S 프로그램을 시작하고 파일 > 신규를 누른다.
hyperMILL ✓ hyperMILL 　 hyperMILL 공구 ✓ WP ✓ 가시성 ✓ 공구 　 마크업 　 명령 검색 및 시작 　 모델 ✓ 선택 ✓ 정보 ✓ 좌표 　 출력 　 태그 　 탭 도구 CAD 둘바 hyperMILL 공구 둘바	'메뉴 표시줄'에서 오른쪽 마우스를 클릭하여 '아이콘 툴바 및 아이콘 탭'을 설정할 수 있다.
	'단축키 W'를 눌러 절대 좌표계에서 작업평면을 설정한다.

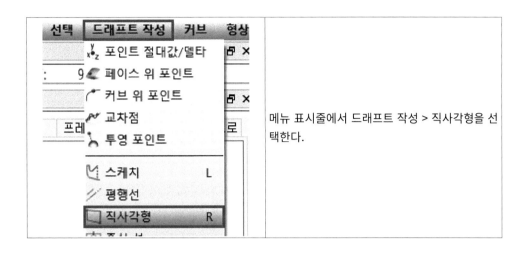

| | 메뉴 표시줄에서 드래프트 작성 > 직사각형을 선택한다. |

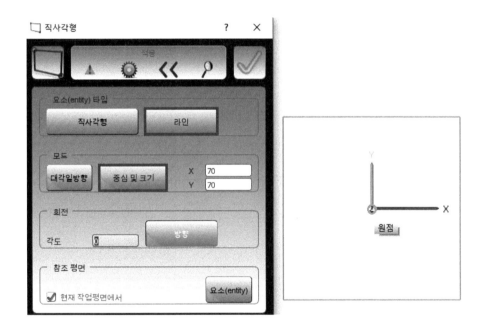

절대 좌표계 원점을 시작점으로 선택한 후 X70, Y70인 사각형을 그린다.

요소 타입: 라인 / 모드: 중심 및 크기

| | 확인 버튼을 클릭하여 직사각형 작성을 완료한다. |

직사각형이 완성되었다.

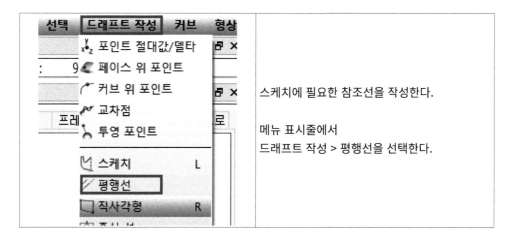

	스케치에 필요한 참조선을 작성한다. 메뉴 표시줄에서 드래프트 작성 > 평행선을 선택한다.

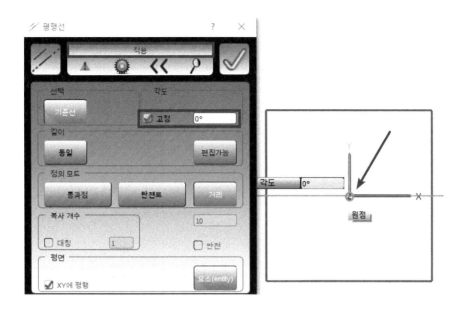

위의 그림과 같이 옵션 창에서 각도 부분에 고정을 체크하고 0도를 입력한 후, 좌표계 원점을 클릭하여 통과점으로 설정하고 적용을 입력한다.

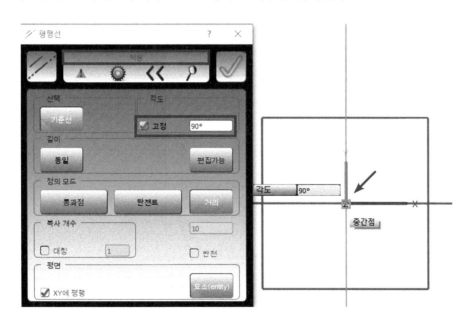

각도 부분에 값을 90도 입력하고 좌표계 원점을 통과점으로 선택한 후 적용을 입력한다.

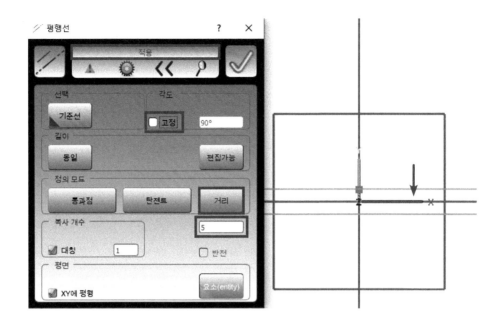

　　고정 체크를 해제하고 정의 모드에서 거리를 선택하고 거리값으로 5mm를 입력하고, 위 그림과 같이 수평으로 가로지르는 평행선을 기준선으로 선택한 후 적용을 입력한다.

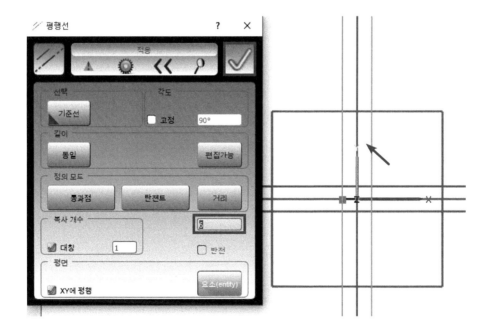

　　거리값에 6mm를 입력하고 위의 그림과 같이 수직으로 가로 지르는 평행선을 선택한 후 확인을 입력한다.

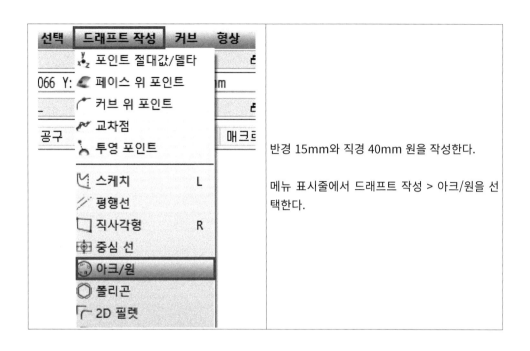

	반경 15mm와 직경 40mm 원을 작성한다.
	메뉴 표시줄에서 드래프트 작성 > 아크/원을 선택한다.

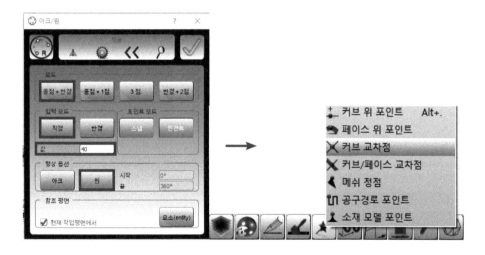

위의 그림과 같이 옵션을 설정하고 그래픽 창 하단 아이콘 메뉴에서 선택 필터 스냅 아이콘을 입력하고 커브 교차점 스냅을 실행한다.

모드: 중점+반경 / 입력 모드: 직경 / 값: 40mm / 형상 옵션: 원

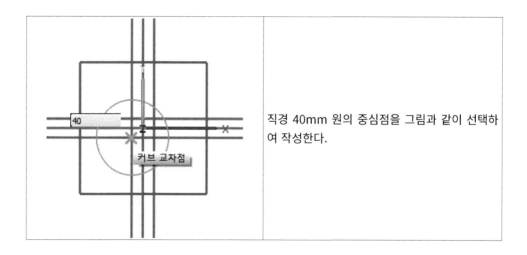

직경 40mm 원의 중심점을 그림과 같이 선택하여 작성한다.

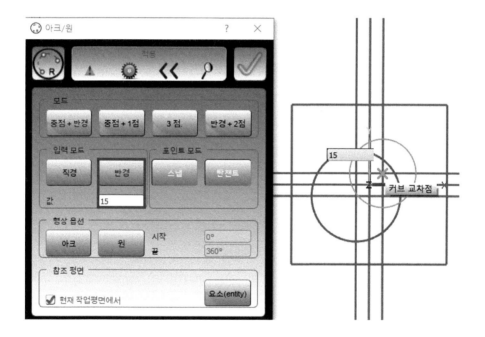

이번에는 입력 모드를 반경으로 변경하고 값에 15mm 입력한 후 그림과 같이 반경 15mm 원의 중심점을 그림과 같이 선택하여 작성하고 ESC 키를 눌러 명령을 빠져나온다.

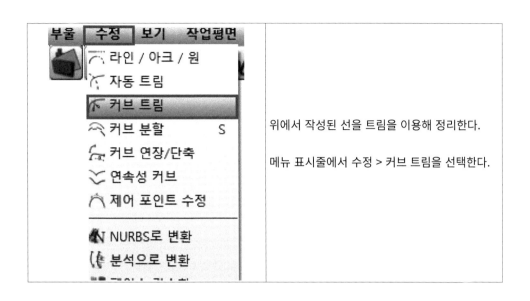

위에서 작성된 선을 트림을 이용해 정리한다.

메뉴 표시줄에서 수정 > 커브 트림을 선택한다.

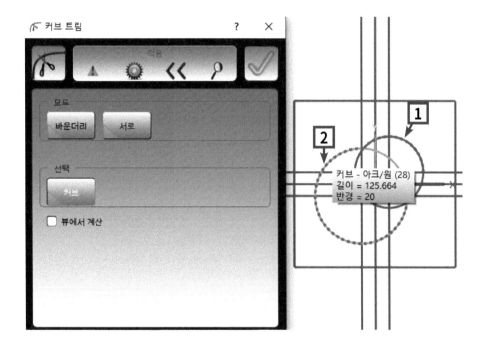

위의 그림과 같이 옵션을 정의하고 순서대로 원을 선택하여 트림을 한다.

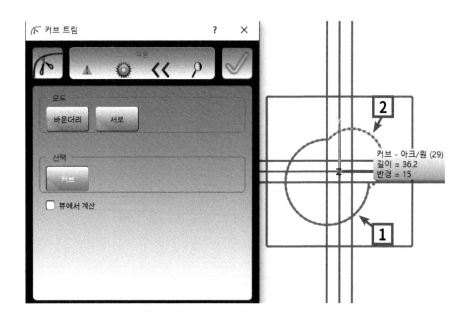

위의 그림과 같이 순서대로 원을 선택하여 스케치를 정리하고 ESC 키를 눌러 명령에서 빠져나온다.

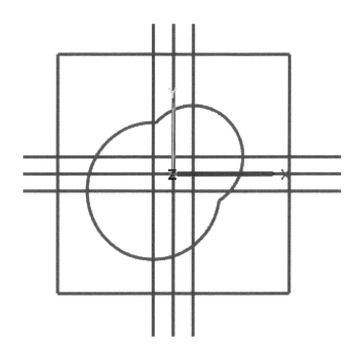

직경 40mm와 반경 15mm 원을 이용하여 스케치가 완성되었다.

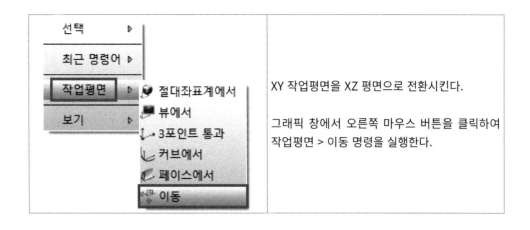

XY 작업평면을 XZ 평면으로 전환시킨다.

그래픽 창에서 오른쪽 마우스 버튼을 클릭하여 작업평면 > 이동 명령을 실행한다.

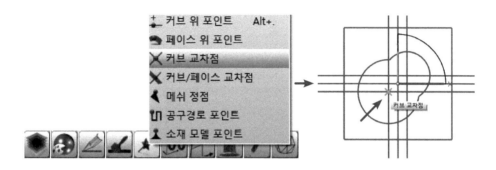

그래픽 창 하단 아이콘 메뉴에서 선택 필터 스냅 아이콘을 입력하고 커브 교차점 스냅을 실행한 후, 위의 그림과 같이 교차점을 선택하여 좌표계를 이동시킨다.

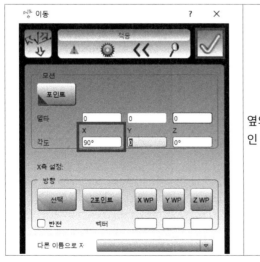

옆의 그림과 같이 각도 X에 90도를 입력하고 확인 버튼을 입력하여 작업평면을 설정한다.

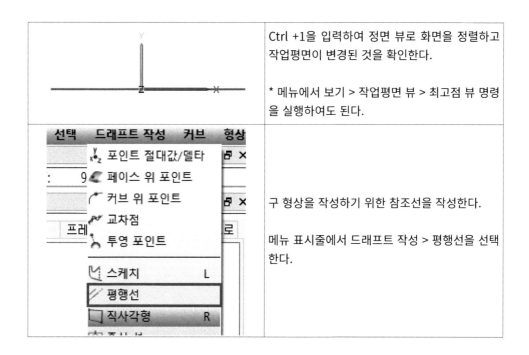	Ctrl +1을 입력하여 정면 뷰로 화면을 정렬하고 작업평면이 변경된 것을 확인한다. * 메뉴에서 보기 > 작업평면 뷰 > 최고점 뷰 명령을 실행하여도 된다.
	구 형상을 작성하기 위한 참조선을 작성한다. 메뉴 표시줄에서 드래프트 작성 > 평행선을 선택한다.

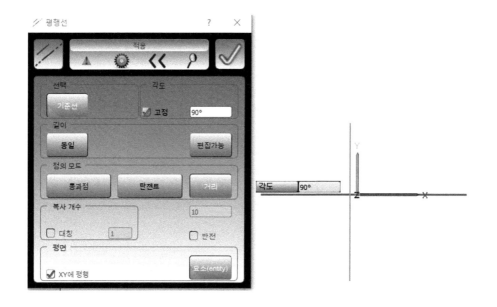

위의 그림과 같이 각도 부분에 고정을 체크하고 90을 입력한다.

그래픽 창 아래에 있는 아이콘 메뉴 창에서 작업평면 원점 아이콘을 입력하여 원점을 수직으로 가로지르는 평행선을 작성하고 옵션 창에서 적용을 입력한다.

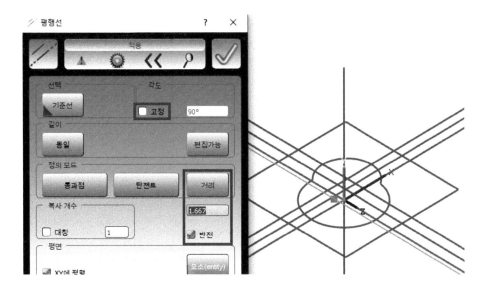

오른쪽 마우스를 눌러 드래그하여 평행선의 기준선을 선택할 수 있게 시점을 회전시킨 다음,

위의 그림과 같이 기준선을 선택하고 옵션을 설정한 후 확인 버튼을 입력한다.

정의 모드: 거리   값: 1.667mm   반전: 체크

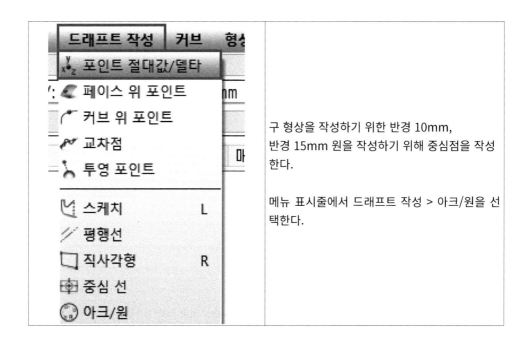

구 형상을 작성하기 위한 반경 10mm,
반경 15mm 원을 작성하기 위해 중심점을 작성
한다.

메뉴 표시줄에서 드래프트 작성 > 아크/원을 선
택한다.

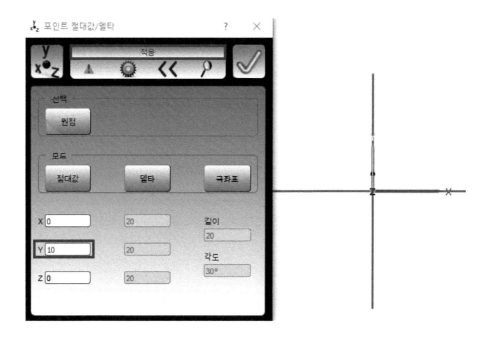

옵션 창에서 Y값에 10mm를 입력하고 적용을 입력한다.

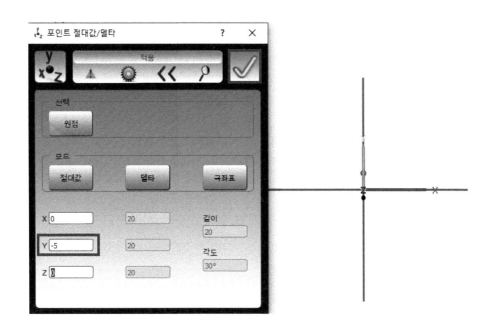

옵션 창에서 Y값에 −5mm를 입력하고 확인 버튼을 클릭하여 중심점 위치를 작성을 완료한다.

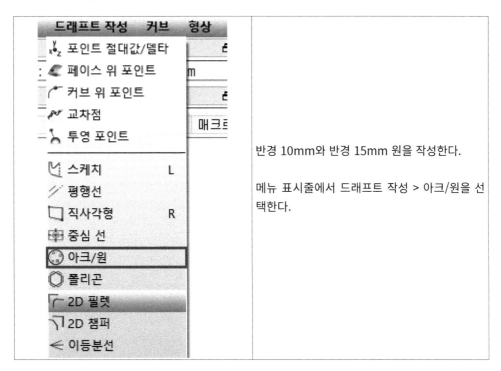

반경 10mm와 반경 15mm 원을 작성한다.

메뉴 표시줄에서 드래프트 작성 > 아크/원을 선택한다.

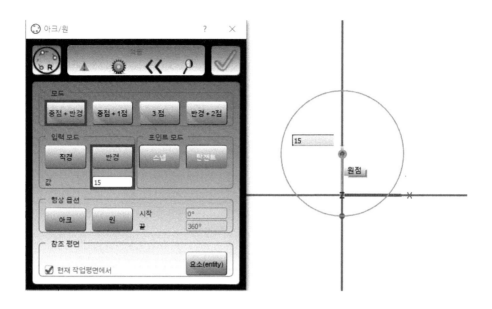

위의 그림과 같이 옵션을 설정한 후 위에서 작성한 포인트를 중심점으로 선택하여 원을 작성한다.

모드: 중심+반경　입력 모드: 반경　값: 15mm

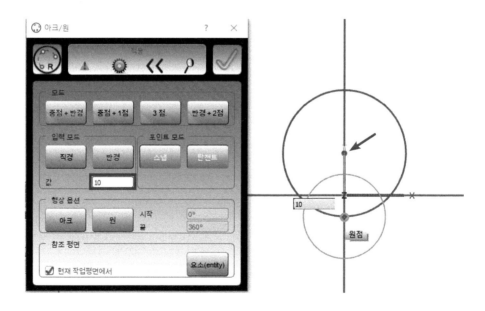

위의 그림과 같이 반경 값 10mm를 입력한 후 포인트를 선택하여 원을 작성하고 ESC 키를 눌러 명령을 종료한다.

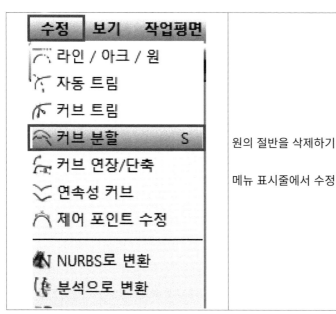

원의 절반을 삭제하기 위해 커브를 분할한다.

메뉴 표시줄에서 수정 >커브 분할 명령을 선택한다.

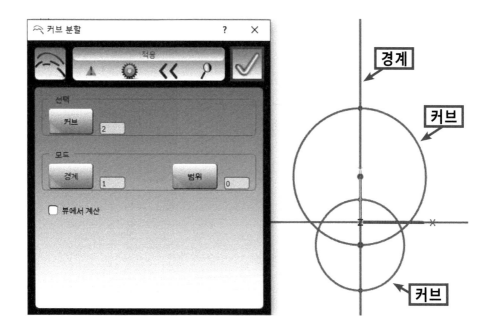

위의 그림과 같이 커브와 경계를 선택하고 확인 버튼을 입력한다.

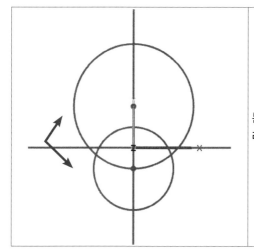

분할된 원의 반쪽 호들을 선택하고 Del 키를 눌러 삭제한다.

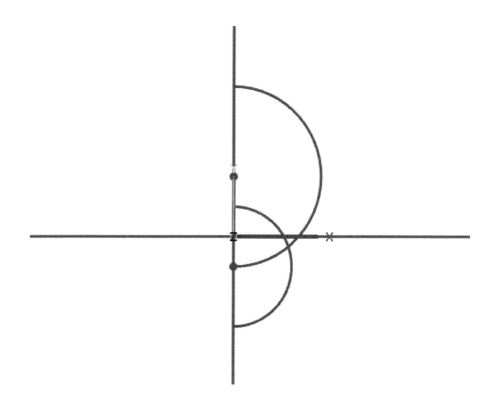

선이 정리되었다.

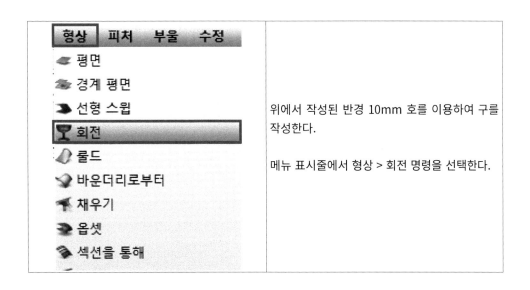

| | 위에서 작성된 반경 10mm 호를 이용하여 구를 작성한다.

메뉴 표시줄에서 형상 > 회전 명령을 선택한다. |

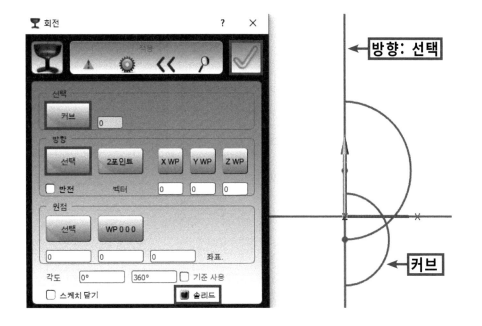

위의 그림과 같이 커브로 반경 10mm 호를 선택하고, 방향으로는 원점을 수직으로 지나는 선을 선택하며 옵션 창에서 솔리드를 활성화시킨 후 확인을 입력하여 구를 생성한다.

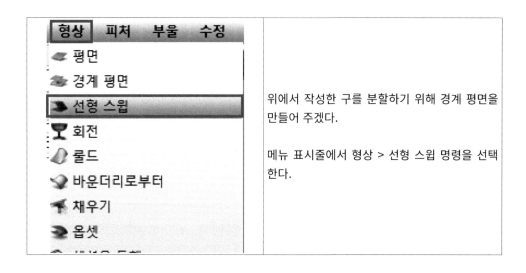

형상　피처　부울　수정 ⬧ 평면 ⬨ 경계 평면 ⬧ 선형 스윕 ⬧ 회전 ⬧ 롤드 ⬧ 바운더리로부터 ⬧ 채우기 ⬧ 옵셋	위에서 작성한 구를 분할하기 위해 경계 평면을 만들어 주겠다. 메뉴 표시줄에서 형상 > 선형 스윕 명령을 선택한다.

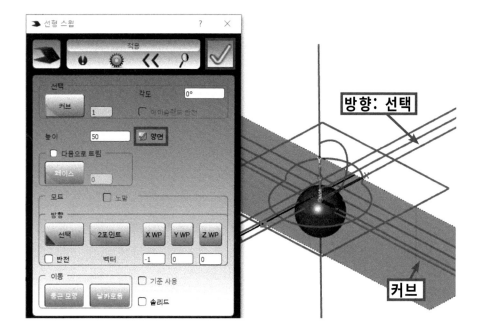

　　오른쪽 마우스 버튼을 눌러 드래그하여 작업하기 편한 시점으로 회전시키고, 위의 그림과 같이 커브와 경계 평면이 생성될 방향성 라인을 선택한 후 옵션 창에서 양면을 체크하여 확인을 눌러 경계 평면을 생성한다.

	작성된 경계 평면을 이용하여 구를 분할한다. 메뉴 표시줄에서 부울 > 분할 명령을 선택한다.

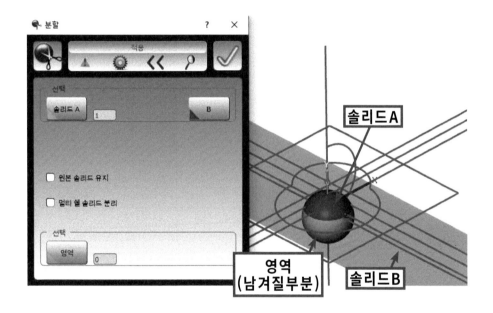

솔리드 A로 위에서 작성한 구를 선택하고 B로 경계 평면을 선택한 후, 영역을 클릭하여 위의 그림과 같이 구의 초록색 부분을 선택하고 확인 버튼을 클릭하여 분할을 완료한다.

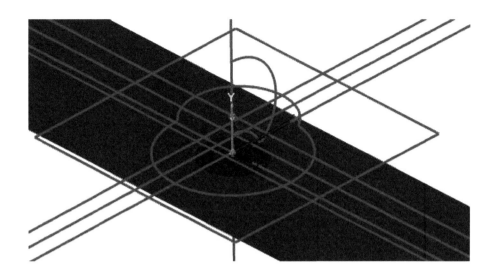

위의 그림과 같이 구의 분할이 완료되었다.

경계 평면을 선택하고 Del 키를 눌러 삭제한다.

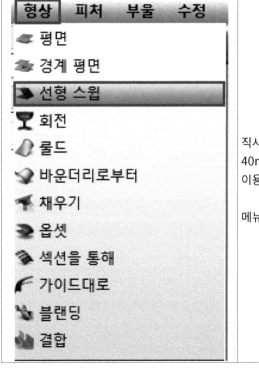

직사각형 스케치를 이용하여 기준 솔리드와 직경 40mm와 반경 15mm 원호로 작성된 스케치를 이용하여 솔리드를 작성한다.

메뉴 표시줄에서 형상 > 선형 스윕을 선택한다.

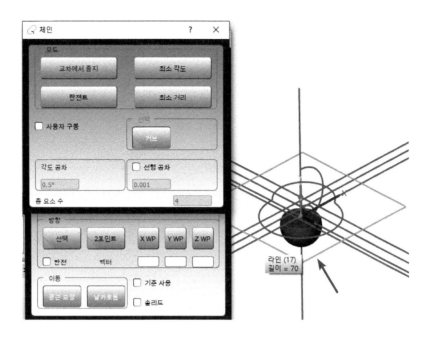

위의 그림과 같이 체인(단축키 C) 명령을 이용하여 사각형을 커브 요소로 선택한다.

    * 메뉴 표시줄에서 [선택 〉 체인] 명령을 선택하거나 단축키 C를 입력하면 체인 명령이 실행된다.

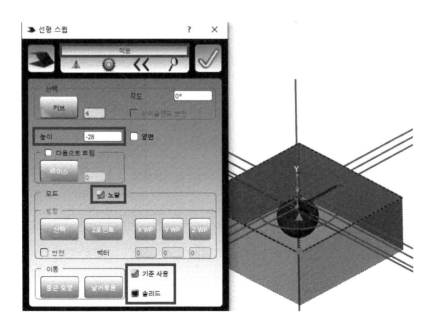

위의 그림과 같이 높이에 −28mm를 입력하고 모드에서 노멀을 체크하며 기준 사용과 솔리드를 체크한 후, 적용 버튼을 눌러 기준 솔리드를 작성한다.

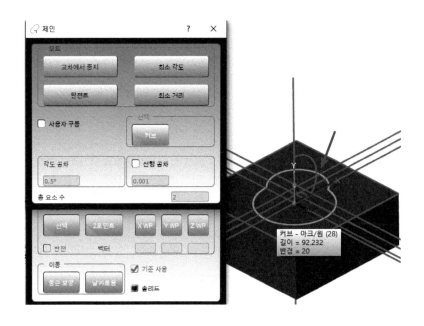

위의 그림과 같이 체인(단축키 C) 명령을 이용하여 사각형을 커브 요소로 선택한다.

* 메뉴 표시줄에서 [선택 〉 체인] 명령을 선택하거나 단축키 C를 입력하면 체인 명령이 실행된다.

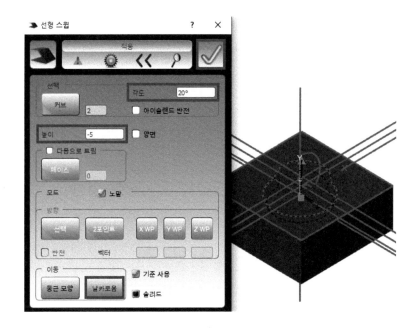

높이에 −5mm를 입력하고 각노에 20도를 입력, 이동에 날카로움을 선택한 후 확인을 입력하면 안쪽 포켓 솔리드가 완성된다.

<table>
<tr>
<td></td>
<td>안쪽 포켓 솔리드를 분리하여 삭제한다.

메뉴 표시줄에서 부울 > 빼기를 선택한다.</td>
</tr>
</table>

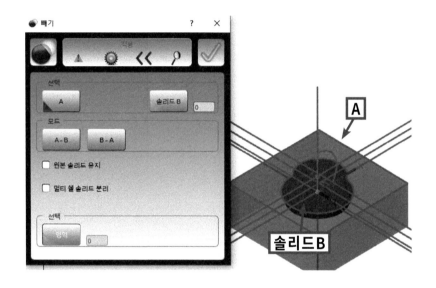

위 그림과 같이 순서대로 솔리드를 선택하여 솔리드 빼기를 완료한다.

<table>
<tr>
<td></td>
<td>솔리드 합치기 명령을 이용하여 경계 평면을 이용하여 트림된 구와 기준 솔리드를 하나의 솔리드로 만든다.

메뉴 표시줄에서 부울 > 합치기를 선택한다.</td>
</tr>
</table>

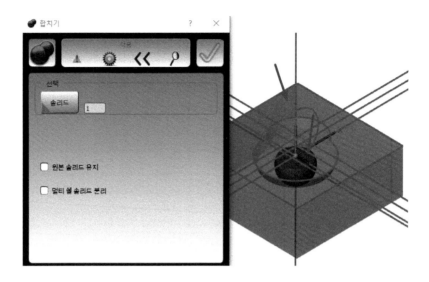

기준 솔리드와 트림된 구 형태의 솔리드를 차례로 선택하고 확인 버튼을 입력한다.

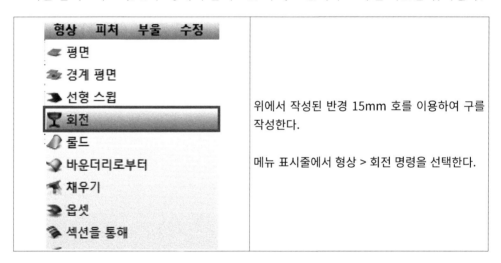

위에서 작성된 반경 15mm 호를 이용하여 구를 작성한다.

메뉴 표시줄에서 형상 > 회전 명령을 선택한다.

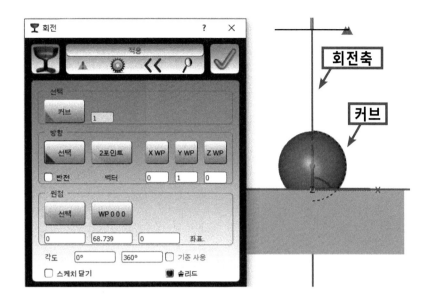

먼저 시점을 최고점 뷰(Ctrl+1)로 정렬시키고 커브로 반경 15mm 원호를 선택한 다음, 방향 항목에 선택을 클릭하고 수직선을 선택한 후 확인 버튼을 눌러 구를 완성한다.

* 시점 정렬은 메뉴 표시줄 [보기 > 작업평면 뷰 > 최고점 뷰]를 선택하면 된다.

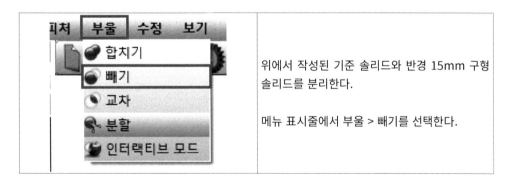

(메뉴)	위에서 작성된 기준 솔리드와 반경 15mm 구형 솔리드를 분리한다. 메뉴 표시줄에서 부울 > 빼기를 선택한다.

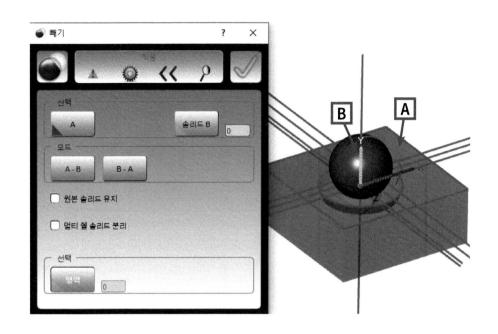

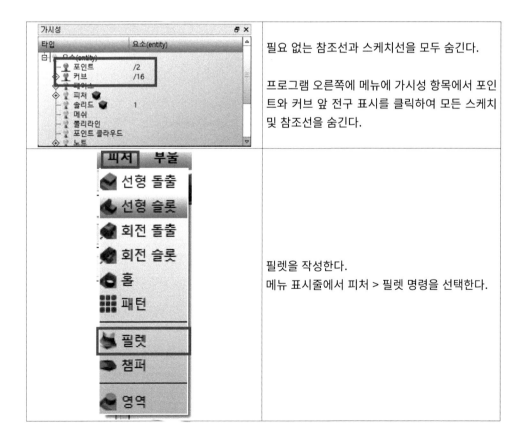	필요 없는 참조선과 스케치선을 모두 숨긴다. 프로그램 오른쪽에 메뉴에 가시성 항목에서 포인트와 커브 앞 전구 표시를 클릭하여 모든 스케치 및 참조선을 숨긴다.
	필렛을 작성한다. 메뉴 표시줄에서 피처 > 필렛 명령을 선택한다.

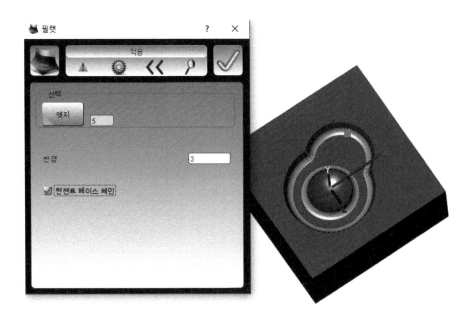

반경에 3mm 입력하고 그림과 같이 접하는 모서리 부분을 선택한 후, 확인 버튼
을 입력하여 필렛을 완성한다.

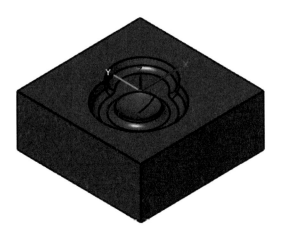

형상이 완료되었다.

PART **2**

hyperMILL

하이퍼밀(hyperMILL) 5축 머시닝센터 가공

hyperMILL 사이클 종류

CHAPTER

1. 2D 사이클

포켓 가공

자동 아이슬랜드 인식 및 나머지 영역 계산 기능을 갖춘 포켓 가공

사이클:

포켓 가공: 수직 포켓 측벽용

경사 포켓 가공: 경사 포켓 측벽용

직사각형 포켓

또한, 직사각형 포켓의 간단한 정의에 대한 사이클을 사용할 수 있다.

윤곽 가공

경로 보정을 사용하거나 사용하지 않고, 다양한 진입 방법과 잔삭 가공 영역을 계산할 수 있는 기능을 사용하여 열린 및 닫힌 2D 윤곽을 가공한다.

사이클:

수직 측벽용으로 미리 만들어진 사용자 지정 윤곽에서의 윤곽 가공

경사 측벽용 경사 윤곽

잔삭 영역 가공

포켓 또는 윤곽 가공 후 남은 잔삭 영역을 정삭한다.

평면 가공: 큰 서피스를 황삭한다.

2. 3D 사이클

3D 등고선 황삭 가공(소재 지정)	
	미리 생성해 놓은 가공 소재를 선택하여 평면 단위로 소재를 제거한다. 이와 같이 소재를 선택해야 하는 가공에서는 소재와 가공할 형상에 대한 개별 3DF 파일이 필요하다.
3D 프로파일 가공	
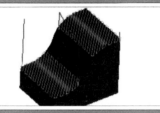	지정한 가이드 커브(프로파일)를 따라 일정한 XY 피치를 가지는 공구 경로를 생성한다. 프로파일 항목에서 X축 또는 Y축을 선택할 경우에는 [XY 최적화] 옵션이 제공된다.
3D 등고선 정삭	
	가공할 형상의 윤곽을 따라 일정한 Z피치 값을 가지는 공구 경로를 생성한다. 특히 급경사 서피스 영역에서 서피스 흐름에 맞게 적당한 수직 절삭 이송량을 입력하면 불필요한 진입량 및 증분 값을 없애고 최적의 등고선 거리가 되도록 해준다.
3D 프리 패스 가공	
	선택한 프로파일을 공구 경로로 사용한다. 다중 수직 절삭량이 가능하도록 자유롭게 정의된 3D 윤곽 가공이다.
3D ISO 가공	
	공구 경로가 ISO 선 (U, V)을 따라 생성되어, 서피스 커브에 최적으로 대응되는 가공 방식이다.

3D 등고선 최적화 가공	
	평면 및 급경사 서피스의 등고선 정삭으로, 평면 영역에는 선택적으로 포켓형 가공을 사용한다.
3D 3차원 피치 가공	
	서피스에서 일정 진입량을 사용하는 정삭으로, 특히 고속 가공에 적합하다. 가공은 닫힌 가이드 커브 내에서 또는 두 가이드 커브 간 흐름에서 등 간격으로 가공한다.
3D 폼 포켓 가공	
	자유 형상의 바닥면을 포함한 포켓을 정삭 가공 할 수 있다. 여기서 포켓 윤곽은 참조 평면을 기 준으로 자동으로 결정된다. 이 윤곽 내에서 가공 경로는 안에서 밖으로 윤곽에 평행하게 계산되 고 포켓 층에 투영된다. 이러한 방식으로 깊은 몰 드의 자유형 서피스를 한 작업 단계에서 생성할 수 있다.
3D 펜슬 가공	
	홈 부분을 자동으로 감지하고 가공한다. 참조 공구를 사용하여 황삭 컷으로 자유롭게 홈 파기를 절삭할 수 있다. 펜슬 가공 사이클은 주로 고속 가공을 위한 준비로 사용된다.
3D 자동 잔삭 가공	
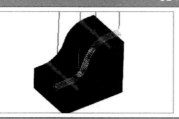	정삭 사이클 도중 개별 잔삭 영역을 다시 가공하 는 방식이다. 자동 잔삭 가공 모델은 정삭 사이클 과정에서 정의된 참조 공구로 불완전하게 가공 된 영역을 계산한다.
3D 재가공 (Rework)	
	충돌이 감지되어 툴패스를 가공할 수 없는 작업 공정을 참조로 재가공하는 방식이다. 재가공의 경우에는 감지된 충돌 영역을 피하기 위해 참조 공정에서와 다른 공구가 적용된다.

hyperMILL 2차원 가공

하이퍼밀(hyperMILL) 5축 머시닝센터 가공

▶ **컴퓨터응용밀링기능사 1**

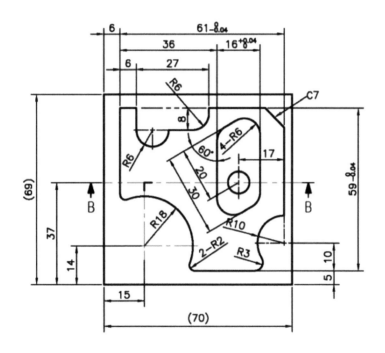

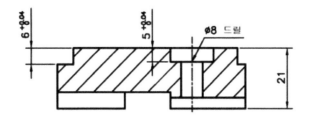

hyperMILL Cam을 이용하여 다음과 같은 절삭 지시서에 따라 가공해 본다.

공구 번호	작업 내용	파일명 (비밀번호가 2번일 경우)	공구 조건		경로 간격 (mm)	절삭 조건				비고
			종류	직경		회전수 (rpm)	이송 (m/m)	절입량 (mm)	잔량 (mm)	
1	센터링	센터링.nc	센터드릴	Ø3						
2	드릴링	드릴링.nc	드릴	Ø8						
3	포켓 가공	윤곽.nc	엔드밀	Ø10						

● 모델링 파일 불러오기

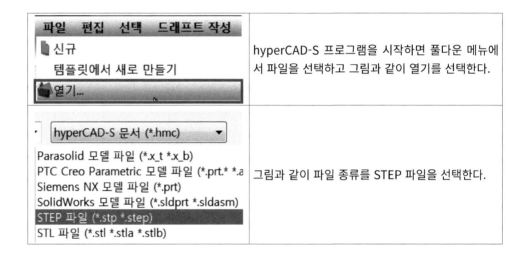

파일 편집 선택 드래프트 작성 신규 템플릿에서 새로 만들기 열기...	hyperCAD-S 프로그램을 시작하면 풀다운 메뉴에서 파일을 선택하고 그림과 같이 열기를 선택한다.
hyperCAD-S 문서 (*.hmc) Parasolid 모델 파일 (*.x_t *.x_b) PTC Creo Parametric 모델 파일 (*.prt.* *.a Siemens NX 모델 파일 (*.prt) SolidWorks 모델 파일 (*.sldprt *.sldasm) STEP 파일 (*.stp *.step) STL 파일 (*.stl *.stla *.stlb)	그림과 같이 파일 종류를 STEP 파일을 선택한다.

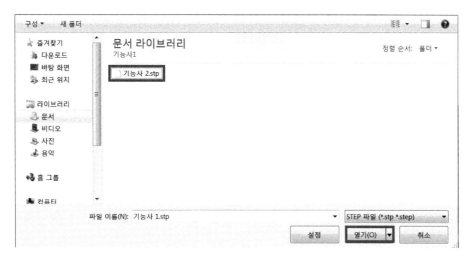

기능사 2.stp 파일을 마우스로 선택한 후 밑에 있는 열기를 클릭한다.

옆의 그림과 같이 STEP 모델링 파일을 불러왔다.

1. 공정 리스트 설정

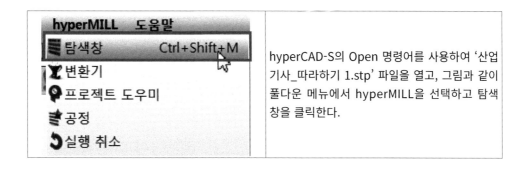

hyperCAD-S의 Open 명령어를 사용하여 '산업기사_따라하기 1.stp' 파일을 열고, 그림과 같이 풀다운 메뉴에서 hyperMILL을 선택하고 탐색창을 클릭한다.

hyperCAD의 히스토리 트리 창에 hyperMILL 브라우저가 추가된다.

hyperMILL 브라우저 창에서 마우스 오른쪽 버튼을 클릭하면 명령어 목록이 표시된다. 여기서 신규 > 공정 리스트 항목을 선택하여 새로운 공정 리스트를 만들어 준다.

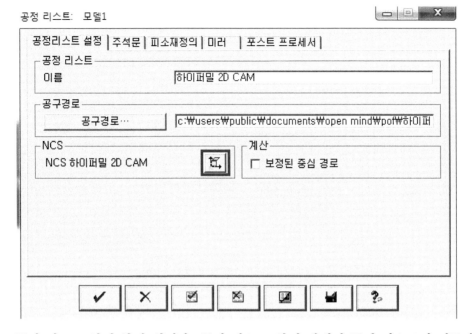

공정 리스트 설정 창이 열린다. 공정 리스트 설정 탭에서 공정 리스트의 이름과 POF 파일 저장 경로, NCS(공작물 원점) 등을 설정한다.

NCS는 공정 리스트를 생성할 때 CAD의 좌표계와 동일하게 자동 생성되는데, NCS 항목에서 원점계 편집 아이콘을 선택하면 아래 그림과 같이 원점 위치 또는 축 방향을 편집할 수 있다. 이 작업에서는 NCS와 동일한 CAD 좌표계를 가지고 있으므로 편집 작업은 생략하도록 한다.

또한, 스케치 라인만을 이용한 CAM 가공이므로 피소재 정의에 대한 작업을 생략하기로 한다.

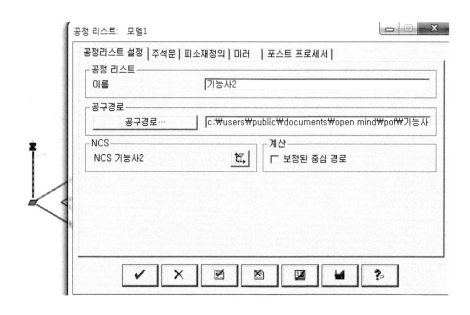

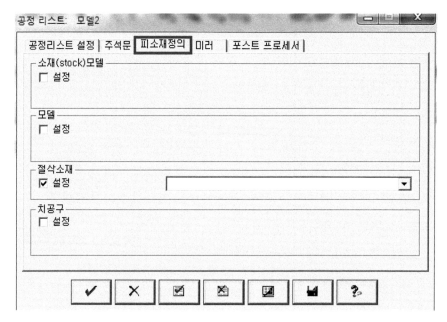

다음은 피소재 정의(PART DATA) 탭을 선택하여 다음과 같이 소재 모델(가공 소재)과 파트(가공 모델)를 정의한다.

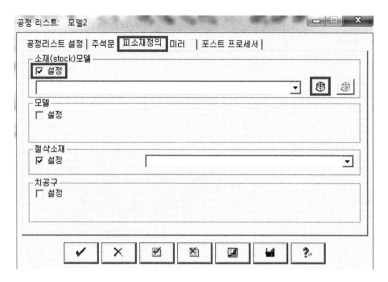

설정 항목을 체크하고 우측에 표시되는 신규 소재 아이콘을 선택한다.

소재 모델 정의 창이 열리면 모드에서 자동 계산(bounding geometry)을 선택한
후 소재 종류로 박스를 클릭한다.

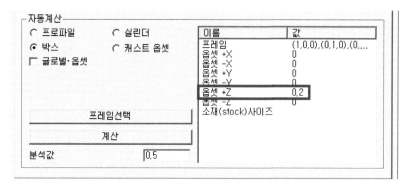

소재의 각 방향으로 여유를 적용하고자 할 때는 글로벌 옵셋에 있는 체크 표시를
해제하고 오른쪽에 있는 각 방향의 옵셋 부분에 옵셋 값을 기입한다.

여기서는 높이 45mm의 소재를 사용하고자 하니 오른쪽에 있는 +Z 옵셋에
0.2mm를 기입하고 왼쪽의 계산 버튼을 입력하여 소재를 생성한다.

	다음과 같이 박스 형상의 육면체 소재가 화면에 표시된다. 소재가 원하는 대로 정의되면 OK ✔ 버튼을 클릭하여 소재 모델 정의를 완료한다.

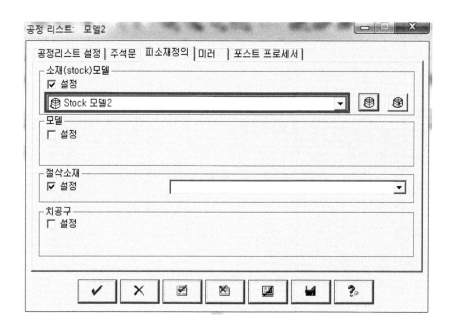

생성한 소재가 공정 리스트의 소재 모델 항목에 설정된 것을 볼 수 있다.

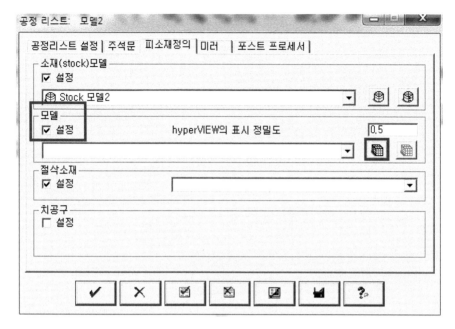

다음으로 파트 정의를 해 보자.

소재 모델 정의와 같이 설정 항목을 체크하고 신규 절삭 모델 아이콘을 선택한다.

절삭 모델 정의 창이 열리면 현재 선택 항목의 신규 선택 아이콘을 선택한다.

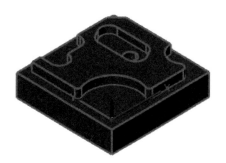

가공하고자 하는 모델을 전체 선택(단축키 A)하고 OK 버튼을 우측 그림과 같이 선택된 서피스의 개수가 표시된다. 이제 OK 버튼으로 절삭 모델 창을 완료하고, 공정 리스트 창을 완료하면 기본적인 공정 리스트 정의가 끝난다.

2. 공구 설정

공구 탭을 선택하여 공구를 설정한다.

절삭 공구: 플랫 엔드밀, 볼 엔드밀, 불노우즈 엔드밀 등 절삭하는 공구를 설정하는 탭이다.

드릴링 공구: 드릴, 탭, 리머 등 드릴 가공을 하는 공구를 설정하는 탭이다.

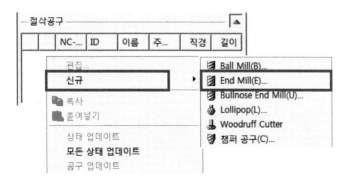

절삭 공구 탭에서 마우스 오른쪽 버튼을 클릭 후, 신규를 선택하여 엔드밀 공구를 설정한다.

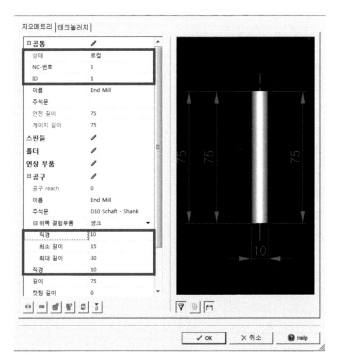

1번 공구: NC-번호: 1 / 직경: 40 / 길이: 75

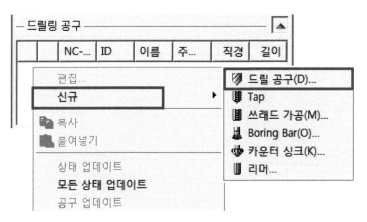

드릴링 공구 탭에서 마우스 오른쪽 버튼을 클릭 후, 신규를 선택하여 드릴 공구를 설정한다.

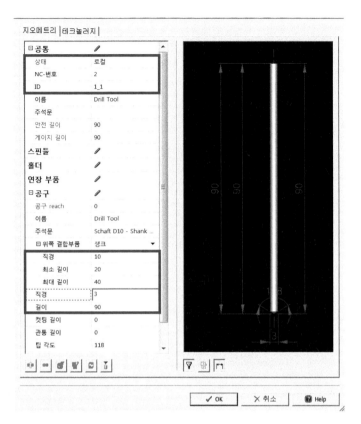

지오메트리 │테크놀러지│

공통	
상태	로컬
NC-번호	2
ID	1_1
이름	Drill Tool
주석문	
안전 길이	90
게이지 길이	90
스핀들	
홀더	
연장 부품	
공구	
공구 reach	0
이름	Drill Tool
주석문	Schaft D10 - Shank ...
위쪽 결합부품	생크
직경	10
최소 길이	20
최대 길이	40
직경	3
길이	90
컷팅 길이	0
관통 길이	0
팁 각도	118

✓ OK   ✕ 취소   ❓ Help

2 공구: NC-번호: 2 / 직경: 3 / 길이: 90

3 공구: NC-번호: 3 / 직경: 8 / 길이: 90

3. 드릴링 가공

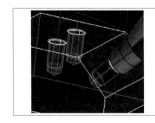

센터링 가공을 실행한다.

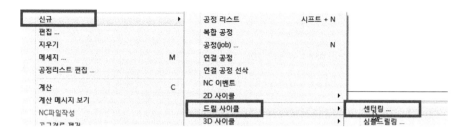

공정 탭에서 오른쪽 마우스 버튼을 클릭해 신규 〉 드릴 사이클 〉 센터링을 선택
한다.

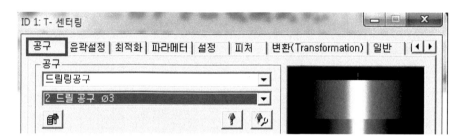

공구를 드릴 공구로 선택하고 위에서 입력해 놓은 3파이 드릴을 선택한다.

윤곽 설정 탭을 선택하고 윤곽 선택은 포인트를 선택한 후 위에 그림처럼 신규
선택 탭을 선택한다.

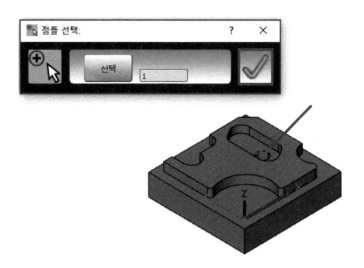

위의 그림과 같이 직경 8mm 원의 엣지를 선택한다.

오른쪽의 OK 버튼을 클릭한다.

최저값에 −22mm를 입력한다.

파라미터(가공변수) 텝에서 가공 깊이를 깊이 값 사용으로 선택하고 깊이를 3mm 를 입력한다.

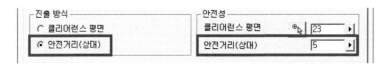

아래의 진출 방식에서는 안전거리(상대)를 선택하고 값을 5mm로 입력한다.

계산을 클릭한다.

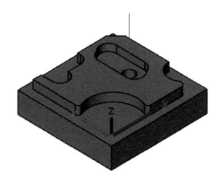

그림과 같은 툴 패스를 볼 수 있다.

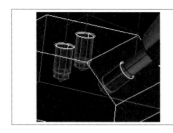

| | 드릴링 패킹 가공을 실행한다. |

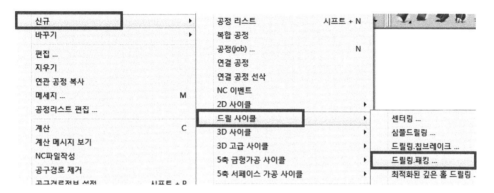

오른쪽 마우스 버튼을 클릭해 신규 공정 > 드릴 사이클 > 드릴링 패킹을 선택한다.

★ 선호하는 사이클 코드에 따라 심플 드릴링(G81), 드릴링 칩 브레이크(G73), 드릴링 팩킹(G83) 공정을 사용하고, 본 교재에서는 패킹을 이용하여 공정을 기술한다.

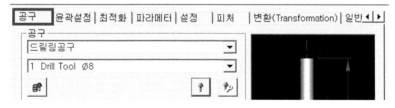

공구 탭에서 드릴링 공구를 선택하고 8파이의 공구를 선택한다.

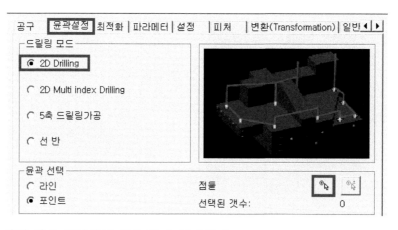

윤곽 설정 탭을 클릭하여 위와 같이 설정한다.

드릴링 모드: 2D Drilling / 윤곽 선택: 포인트

윤곽 설정 탭을 선택하고 윤곽 선택은 포인트를 선택한 후 위에 그림처럼 신규 선택 탭을 선택한다.

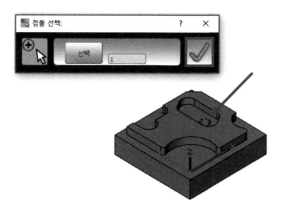

위의 그림과 같이 직경 8mm 원의 엣지를 선택한다.

오른쪽의 OK 버튼을 클릭한다.

최젓값에 −22mm를 입력합니다.

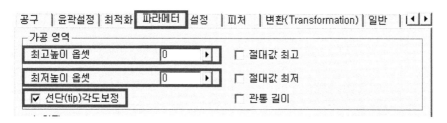

파라미터(가공 변수) 탭에서 가공 영역에 대한 설정 중 최고 높이 옵셋과 최저 높이 옵셋에 0을 입력하고 선단 각도 보정에 체크를 해 준다.

★ 선단 각도 보정은 드릴의 팁각 높이 만큼 보정해 주는 기능으로서 가공하려는 홀이 관통 홀이기에 선단 각도 보정을 통해 완전 관통을 실현할 수 있다.

가공 파라미터에서 패킹 깊이에는 3mm를 입력한다. 패킹 깊이는 드릴링 작업
시 한 번의 절입량에 대한 설정이다. 계산을 클릭한다.

그림과 같이 툴 패스가 생성된다.

4. 포켓 가공 및 윤곽 가공

	위에서 피처 인식한 심플 포켓에 대한 피처를 선택한다.

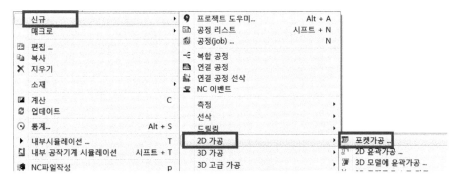

공정 탭에서 오른쪽 마우스 버튼을 클릭해 신규 〉 2D 사이클 〉 포켓 가공을 선택
한다.

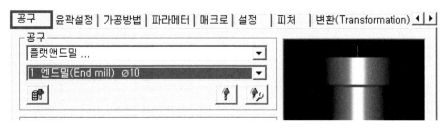

공구를 플랫앤드밀로 선택하고 위에서 입력해 놓은 10파이 엔드밀을 선택한다.

윤곽 설정 탭을 선택하고 위의 그림처럼 신규 선택 탭을 선택한다.

단축키 C를 클릭한다.

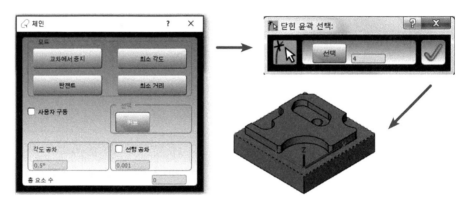

위의 그림과 같이 사각 소재의 외곽 엣지를 선택한다.

윤곽의 최고 높이를 기준으로 최곳값에 0을 입력하고 최젓값에는 −6를 입력한다.

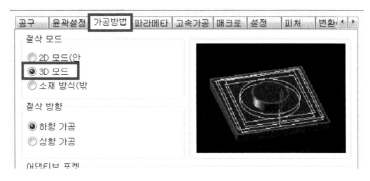

가공 방법 탭을 선택하고 3D 모드를 선택한다.

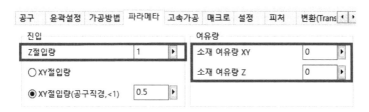

파라미터 탭을 Z절 삭량을 1, 소재 여유량에는 각 0을 입력하고 계산 버튼을 클릭한다.

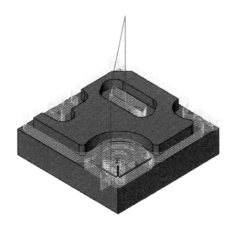

툴 패스가 생성되었다.

5. NC-FILE 추출

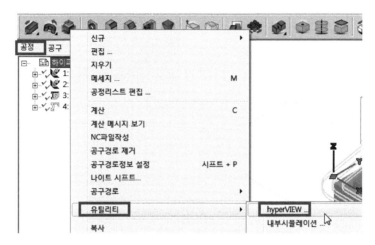

공정 탭에서 오른쪽 마우스를 클릭하여 유틸리티 〉 hyperVIEW를 선택한다.

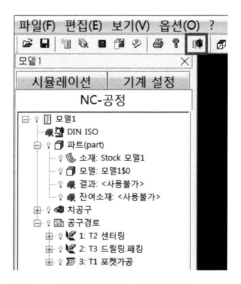

위 그림과 같이 NC 파일로 변환 아이콘을 클릭한다.

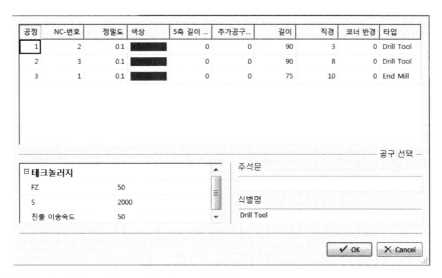

공정	NC-번호	정밀도	색상	5축 길이 ...	추가공구...	길이	직경	코너 반경	타입
1	2	0.1		0	0	90	3	0	Drill Tool
2	3	0.1		0	0	90	8	0	Drill Tool
3	1	0.1		0	0	75	10	0	End Mill

공구 선택

테크놀러지	
FZ	50
S	2000
진출 이송속도	50

주석문

식별명
Drill Tool

✔ OK   ✕ Cancel

위외 같이 창이 뜨면 OK 버튼을 클릭한다.

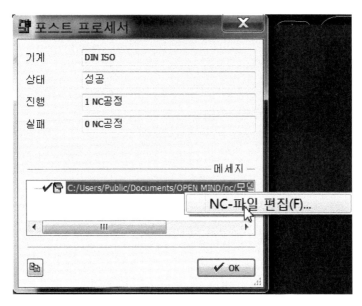

포스트 프로세서

기계	DIN ISO
상태	성공
진행	1 NC공정
실패	0 NC공정

메세지

✔ C:/Users/Public/Documents/OPEN MIND/nc/모델

NC-파일 편집(F)...

✔ OK

위와 같이 NC 파일 저장 경로가 나타나면 마우스 커서를 갖다 대고 오른쪽 버튼
을 NC-파일 편집을 클릭한다.

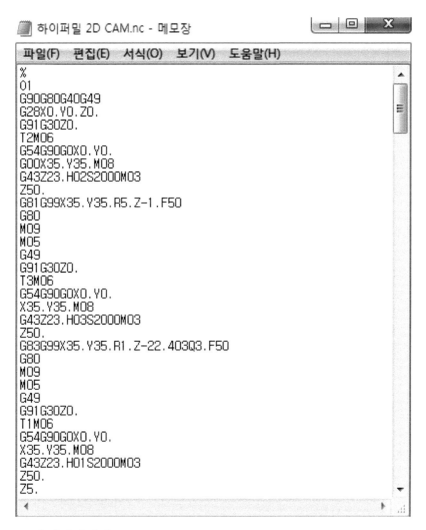

NC File이 생성되었다.

이상으로 기능사 준비용 CAM 따라 하기를 마친다.

▶ 컴퓨터응용밀링기능사 2

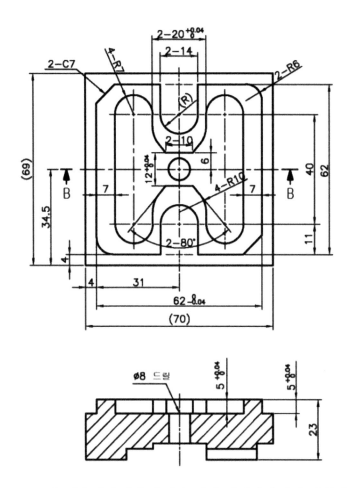

hyperMILL Cam을 이용하여 다음과 같은 절삭 지시서에 따라 가공해 보자.

공구 번호	작업 내용	파일명 (비밀번호가 2번일 경우)	공구 조건 종류	공구 조건 직경	경로 간격 (mm)	회전수 (rpm)	이송 (m/m)	절입량 (mm)	잔량 (mm)	비고
2	센터링	센터링.nc	센터드릴	Ø3						
3	드릴링	드릴링.nc	드릴	Ø8						
1	포켓 가공	포켓.nc	엔드밀	Ø10						

● 모델링 파일 불러오기

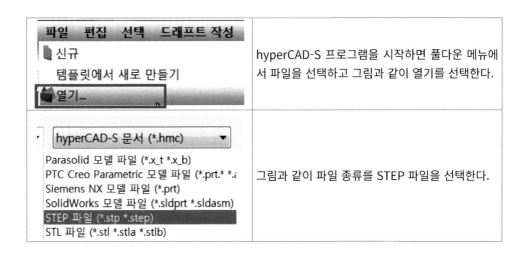

파일 편집 선택 드래프트 작성 신규 템플릿에서 새로 만들기 열기...	hyperCAD-S 프로그램을 시작하면 풀다운 메뉴에서 파일을 선택하고 그림과 같이 열기를 선택한다.
hyperCAD-S 문서 (*.hmc) Parasolid 모델 파일 (*.x_t *.x_b) PTC Creo Parametric 모델 파일 (*.prt.* *.(Siemens NX 모델 파일 (*.prt) SolidWorks 모델 파일 (*.sldprt *.sldasm) STEP 파일 (*.stp *.step) STL 파일 (*.stl *.stla *.stlb)	그림과 같이 파일 종류를 STEP 파일을 선택한다.

기능사 2.stp 파일을 마우스로 선택한 후 밑에 있는 열기를 클릭한다.

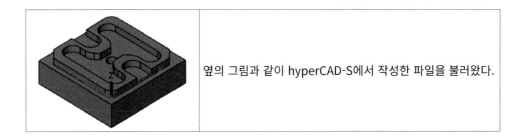

	옆의 그림과 같이 hyperCAD-S에서 작성한 파일을 불러왔다.

1. 공정 리스트 설정

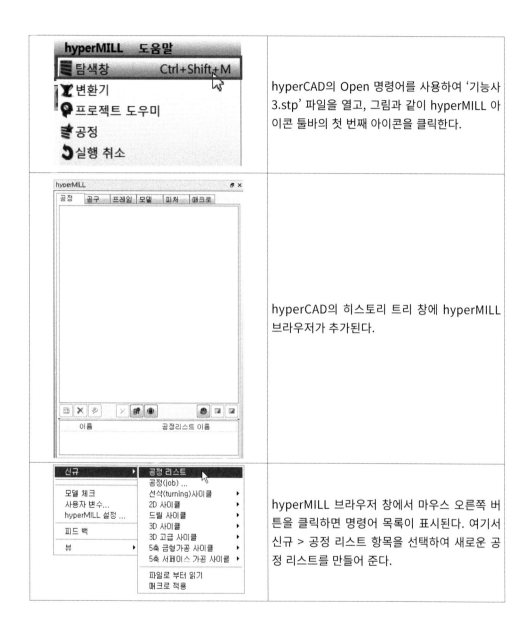

	hyperCAD의 Open 명령어를 사용하여 '기능사 3.stp' 파일을 열고, 그림과 같이 hyperMILL 아이콘 툴바의 첫 번째 아이콘을 클릭한다.
	hyperCAD의 히스토리 트리 창에 hyperMILL 브라우저가 추가된다.
	hyperMILL 브라우저 창에서 마우스 오른쪽 버튼을 클릭하면 명령어 목록이 표시된다. 여기서 신규 > 공정 리스트 항목을 선택하여 새로운 공정 리스트를 만들어 준다.

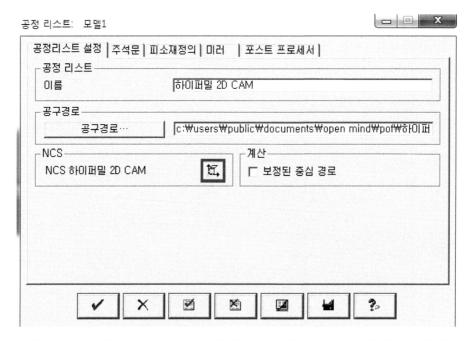

공정 리스트 설정 창이 열린다. 공정 리스트 설정 탭에서 공정 리스트의 이름과 POF 파일 저장 경로, NCS(공작물 원점) 등을 설정한다.

NCS는 공정 리스트를 생성할 때 CAD의 좌표계와 동일하게 자동 생성되는데, NCS 항목에서 원점계 편집 아이콘을 선택하면 아래 그림과 같이 원점 위치 또는 축 방향을 편집할 수 있다. 이 작업에서는 NCS와 동일한 CAD 좌표계를 가지고 있으므로 편집 작업은 생략하도록 한다.

또한, 스케치 라인만을 이용한 CAM 가공이므로 피소재 정의에 대한 작업을 생략하기로 한다.

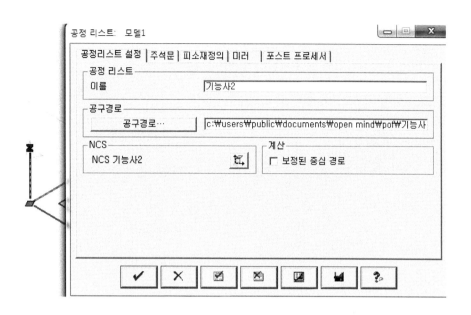

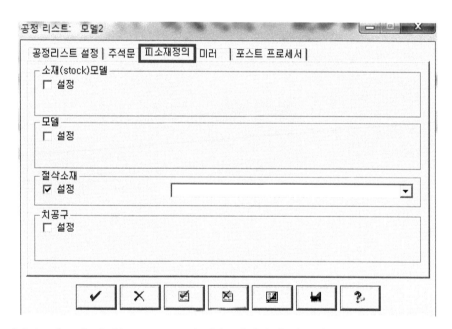

다음은 피소재 정의(PART DATA) 탭을 선택하여 다음과 같이 소재 모델(가공 소재)과 파트(가공 모델)를 정의한다.

설정 항목을 체크하고 우측에 표시되는 신규 소재 아이콘을 선택한다.

소재 모델 정의 창이 열리면 모드에서 자동 계산(bounding geometry)을 선택한 후 소재 종류로 박스를 클릭한다.

다음과 같이 박스 형상의 육면체 소재가 화면에 표시된다.

소재가 원하는 대로 정의되면 OK ✔ 버튼을 클릭하여 소재 모델 정의를 완료한다.

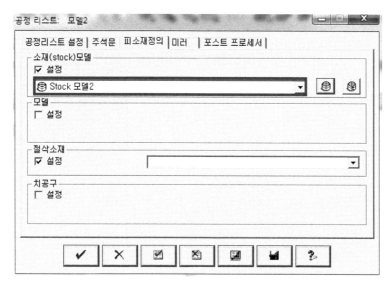

생성한 소재가 공정 리스트의 소재 모델 항목에 설정된 것을 볼 수 있다.

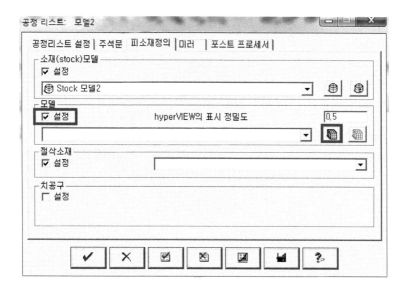

다음으로 파트 정의를 해 보자.

소재 모델 정의와 같이 설정 항목을 체크하고 신규 절삭 모델 아이콘을 선택한다.

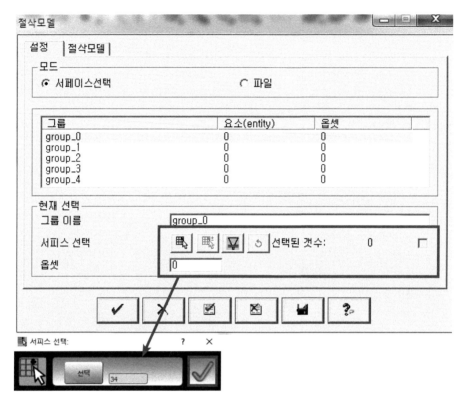

절삭 모델 정의 창이 열리면 현재 선택 항목의 신규 선택 아이콘을 선택한다.

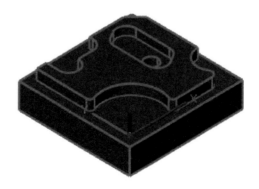

가공하고자 하는 모델을 전체 선택(단축키 A)하고 OK 버튼을 우측 그림과 같이
선택된 서피스의 개수가 표시된다. 이제 OK 버튼으로 절삭 모델 창을 완료하고, 공

정 리스트 창을 완료하면 기본적인 공정 리스트 정의가 끝난다.

2. 공구 설정

공구 탭을 선택하여 공구를 설정한다.

절삭 공구: 플랫엔드밀, 볼엔드밀, 불노우즈엔드밀 등
절삭하는 공구를 설정하는 탭이다.
드릴링 공구: 드릴, 탭, 리머 등 드릴 가공을 하는 공구를 설정하는 탭이다.

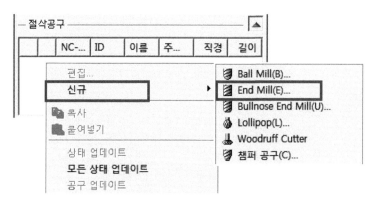

절삭 공구 탭에서 마우스 오른쪽 버튼을 클릭 후, 신규를 선택하여 엔드밀 공구를 설정한다.

1번 공구: NC-번호: 1 / 직경: 40 / 길이: 75

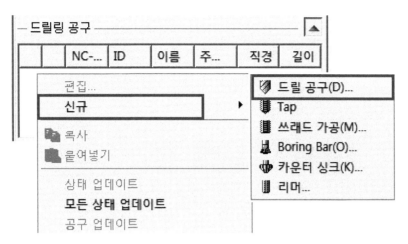

드릴링 공구 탭에서 마우스 오른쪽 버튼을 클릭 후, 신규를 선택하여 드릴 공구를 설정한다.

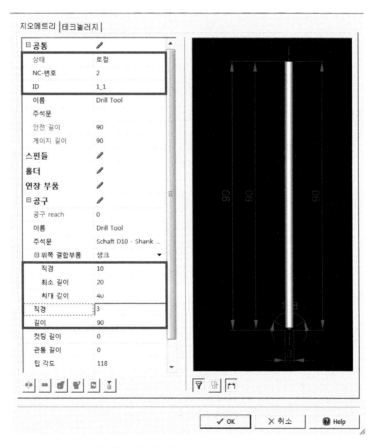

2 공구: NC-번호: 2 / 직경: 3 / 길이: 90

3 공구: NC-번호: 3 / 직경: 8 / 길이: 90

3. 드릴링 가공

센터링 가공을 실행한다.

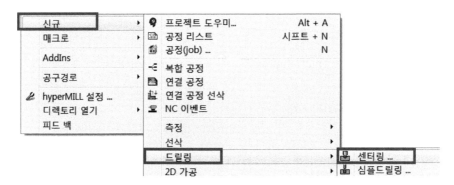

공정 탭에서 오른쪽 마우스 버튼을 클릭해 신규 〉 드릴 사이클 〉 센터링을 선택한다.

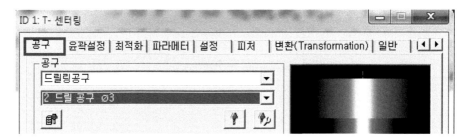

공구를 드릴 공구로 선택하고 위에서 입력해 놓은 3파이 드릴을 선택한다.

윤곽 설정 탭을 선택하고 윤곽 선택은 포인트를 선택한 후 위에 그림처럼 신규 선택 탭을 선택한다.

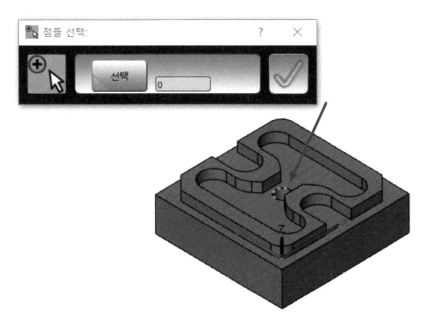

위의 그림처럼 점을 선택(커브)를 선택하고 직경 8mm 구멍을 선택한다.

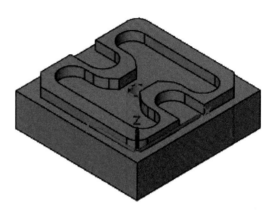

위의 그림처럼 윤곽이 선택되었으면 확인 버튼을 클릭한다.

최젓값에 −23mm를 입력한다.

파라미터(가공 변수) 텝에서 가공 깊이를 깊이 관련 사용으로 선택하고 깊이를 3mm를 입력한다.

아래의 홀 안전에서는 안전거리(상대) 값을 5mm로 입력한다.

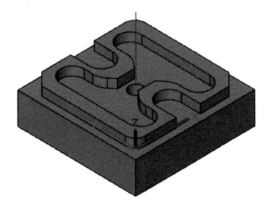

계산을 클릭한다.

그림과 같은 툴 패스를 볼 수 있다.

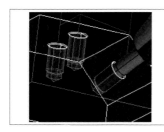

드릴링 가공을 실행한다.

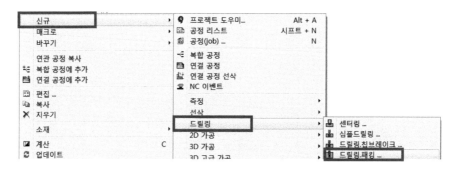

오른쪽 마우스 버튼을 클릭해 신규 공정 > 드릴 사이클 > 드릴링 패킹을 선택한다.

★ 선호하는 사이클 코드에 따라 심플 드릴링(G81), 드릴링 칩 브레이크(G73), 드릴링 팩킹(G83) 공정을 사용하고, 본 교재에서는 패킹을 이용하여 공정을 기술한다.

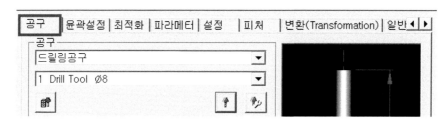

공구 탭에서 드릴링 공구를 선택하고 8 파이의 공구를 선택한다.

윤곽 설정 탭을 클릭하여 위와 같이 설정한다.

드릴링 모드: 2D Drilling / 윤곽 선택: 포인트

윤곽 설정 탭을 선택하고 윤곽 선택은 포인트를 선택한 후 위에 그림처럼 신규 선택 탭을 선택한다.

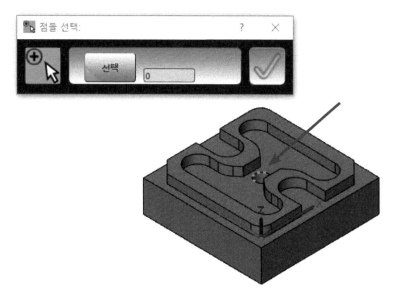

위의 그림처럼 점을 선택(커브)하고 직경 8mm 구멍을 선택한다.

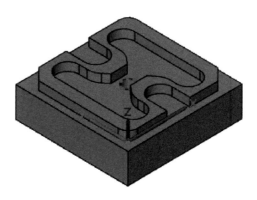

위의 그림처럼 윤곽이 선택되었으면 확인 버튼을 클릭한다.

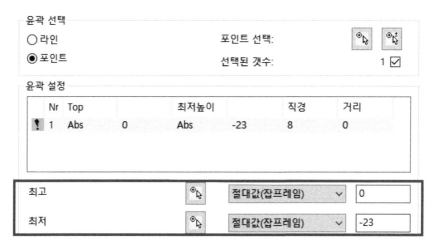

최젓값에 −23mm를 입력한다.

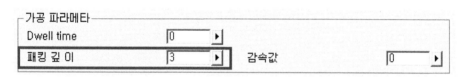

| 공구 | 윤곽설정 | 최적화 | 파라메터 | 설정 | 피처 | 변환(Transformation) | 일반 | ◀ ▶ |

가공 영역
최고높이 옵셋   0   ▶   ☐ 절대값 최고
최저높이 옵셋   0   ▶   ☐ 절대값 최저
☑ 선단(tip)각도보정   ☐ 관통 길이

파라메타(가공 변수) 템에서 가공 영역 대한 설정 중 최고 높이 옵셋과 최저 높이 옵셋에 0을 입력하고 선단 각도 보정에 체크를 해 준다.

*선단 각도 보정은 드릴의 팁각 높이만큼 보정해 주는 기능으로, 가공하려는 홀이 관통 홀이기에 선단 각도 보정을 통해 완전 관통을 실현할 수 있다.

가공 파라메타
Dwell time   0   ▶
패킹 깊이   3   ▶   감속값   0   ▶

가공 파라메타에서 패킹 깊이는 3mm를 입력한다. 패킹 깊이는 드릴링 작업 시 한 번의 절입량에 대한 설정이다. 계산을 클릭한다.

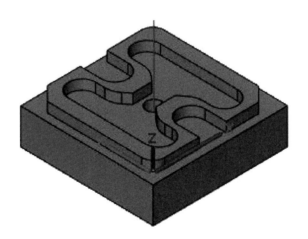

그림과 같이 툴 패스가 생성된다.

4. 3D 등고선 황삭 가공(소재 지정)

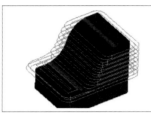

3D 등고선 황삭가공(소재 지정)
이 황삭가공 공정은 미리 생성해 놓은 가공 소재(STOCK)를 지정하여 평면 단위로 소재를 제거하는 툴패스를 생성해 주는 작업 공정이다. 이 작업 공정에서는 가공물에 대한 모델링 파일과는 별도로 소재가 정의된 파일이 필요하다.

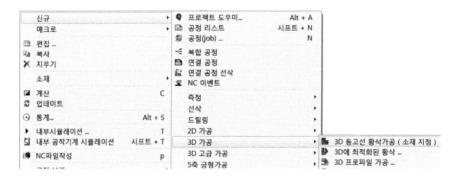

작업 공정을 추가하기 위해 브라우저 창 내에서 오른쪽 마우스 버튼을 클릭한다. 그림과 같이 선택 목록이 표시되면 3D 등고선 황삭 가공(소재 지정) 항목을 선택하여 작업 공정 편집 창을 열어 준다.

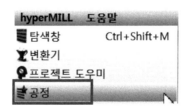

*hyperMILL 메뉴에서 공정을 선택하여 신규 오퍼레이션 창에서 작업 공정을 추가할 수도 있다.

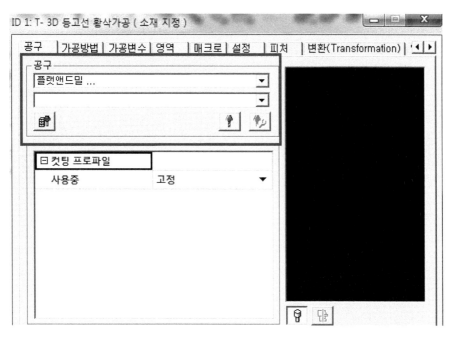

공구
작업 공정 정의 창이 열리면 첫 번째 탭인 공구가 표시된다.

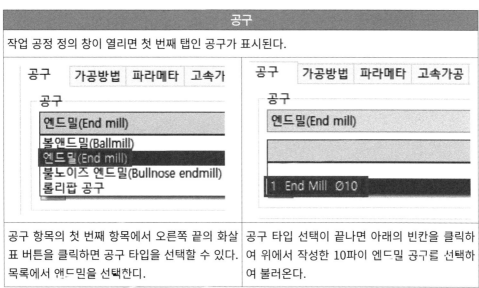

공구 항목의 첫 번째 항목에서 오른쪽 끝의 화살표 버튼을 클릭하면 공구 타입을 선택할 수 있다. 목록에서 앤드밀을 선택한다.	공구 타입 선택이 끝나면 아래의 빈칸을 클릭하여 위에서 작성한 10파이 엔드밀 공구를 선택하여 불러온다.

가공 방법 탭을 클릭한다.

옵션 설정은 다음과 같이 설정해 준다.

절삭 방향: 윤곽에 평행 / 가공 우선순위: 포켓 / 평면형 방식: 최적화됨 / 절삭
방식: 하향 가공

가공방법
절삭 방향: 가공하고자 하는 형상에 따라 가공 방향을 지정해 주는 옵션으로 윤곽에 평행 옵션이 있다.

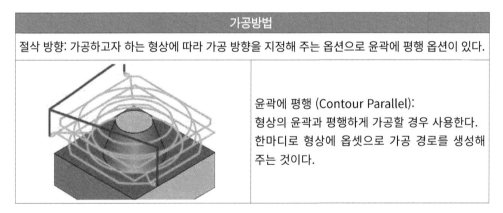

윤곽에 평행 (Contour Parallel):
형상의 윤곽과 평행하게 가공할 경우 사용한다.
한마디로 형상에 옵셋으로 가공 경로를 생성해
주는 것이다.

가공 우선순위(Machining priority)를 지정한다.

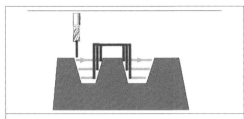	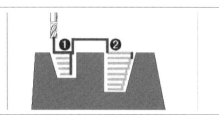
평면 우선(plane) 하나의 레벨에 모든 포켓을 똑같이 순차적으로 가공한다.	포켓 우선(pocket) 하나의 포켓을 다 가공한 후 다른 포켓으로 이동하여 가공한다.

절삭 방향(cutting mode)	
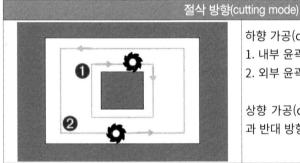	하향 가공(climb milling)은 1. 내부 윤곽 – 시계 방향 2. 외부 윤곽 – 반시계 방향으로 가공한다. 상향 가공(conventional milling)은 하향 가공과 반대 방향으로 움직이며 가공한다.

사용자의 편의에 따라 지정한다. 여기서는 하향 가공을 선택한다.

평면형 방식을 지정한다.

양방향 절삭 대처(Full cut behavior)	
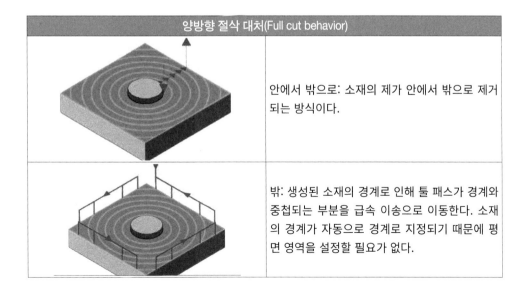	안에서 밖으로: 소재의 제가 안에서 밖으로 제거되는 방식이다.
	밖: 생성된 소재의 경계로 인해 툴 패스가 경계와 중첩되는 부분을 급속 이송으로 이동한다. 소재의 경계가 자동으로 경계로 지정되기 때문에 평면 영역을 설정할 필요가 없다.

양방향 절삭 대처(Full cut behavior)	
	최적화: 복잡한 모델에서는 이 옵션이 진출 이동을 최적화하고 불필요한 절삭 이동을 회피하도록 한다. 가공이 윤곽을 따라 밖에서 안으로 수행된다.

이 옵션은 가공 중 Full cut 상황에서 이송 속도(Feedrate)를 줄여서 공구의 손상을 방지하는 옵션이다. Full cut 구간의 이송 속도 감속은 공구 설정에서 이송 속도(감속) 항목에 입력된 이송 속도로 감속된다.

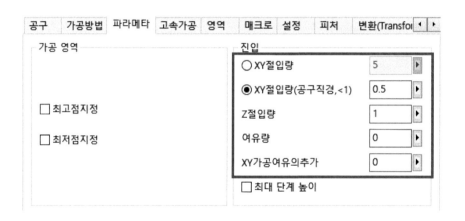

파라미터

가공 영역: 가공하고자 하는 최고 높이와 최젓값을 지정한다.

여기에서는 소재 인식을 한 황삭 가공이므로 가공 영역을 설정해 줄 필요가 없다.

절삭

여기서는 공구의 수평, 수직 이송 시의 절입량과 소재의 여유량 등을 입력한다. 각 항목의 값으로 XY 절삭량(공구 직경 〈 1): 0.5, Z 절삭량: 1mm, 소재 여유량: 0 mm을 입력하여 준다.

안전성(safety)

공구가 급속 이동 시 정해진 높이 혹은 거리에서 안전하게 이동하도록 설정하는
옵션입니다. 지시서의 내용처럼 50으로 설정한다.

영역

가공하고자 하는 영역을 설정한다.

이미 소재 지정이 되어 있는 공정이므로 특별히 설정을 안 해도 무관하다.

경사 진입으로 설정하며 각도는 그림과 같이 설정한다.

매크로
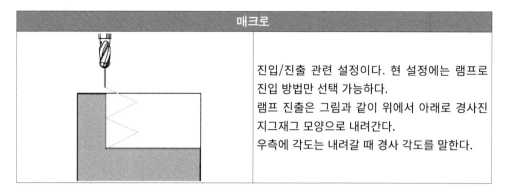 진입/진출 관련 설정이다. 현 설정에는 램프로 진입 방법만 선택 가능하다. 램프 진출은 그림과 같이 위에서 아래로 경사진 지그재그 모양으로 내려간다. 우측에 각도는 내려갈 때 경사 각도를 말한다.

참고로 가공 방법에서 윤곽에 평행(contour parallel)을 선택했을 경우 매크로에 헬리컬이라는 옵션이 생성되는데, 이 옵션은 진출입 시 원형을 그리며 내려가는 옵션이다. 헬리컬의 반지름은 공구 반지름의 80%를 설정한다.

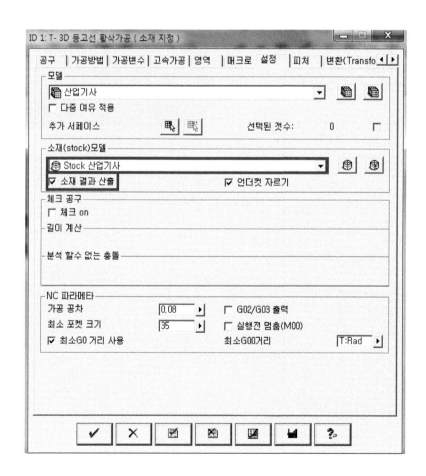

설정

– 모델/소재 모델

각각의 목록을 열어 공정 리스트 정의 시 생성해 놓은 모델(절삭 영역) 또는 소재를 선택한다. 미리 생성해 놓지 않은 경우에는 신규 생성 아이콘을 사용하여 새 모델/소재를 정의할 수 있다

– 소재 결과 산출 (Generate resulting stock)

황삭 가공에만 있는 옵션으로 황삭 가공 후 남은 결과물 형상의 소재 모델링을 생성하여 준다.

– NC 파라미터

가공 공차(Machining tolerance): 필요한 공차를 입력한다. 값은 툴 패스 생성을 위한 계산이 수행될 때 정확성을 정의한다.

G2/G3 출력: 레벨의 원형 호는 NC 프로그램에서 G2 또는 G3 명령으로 출력된다. 이 기능이 활성화되지 않으면 모든 움직임은 G1 명령으로 출력된다.

모든 설정이 끝났습니다. 계산 버튼을 클릭하여 계산을 시작합니다.

모든 설정이 오류 없이 설정되면 그림과 같이 툴 패스가 형성되고 공정 목록에는 아래 그림과 같은 V 체크가 만들어진다.

	Erase toolpaths 아이콘으로 화면에 표시된 툴패스를 지울 수 있다.
	hyperMILL 브라우저 하단에서 새로 생성된 소재의 전구 표시를 클릭하면 전구에 불이 들어오며 황삭 가공된 소재 형상을 볼 수 있다.

5. NC-FILE 추출

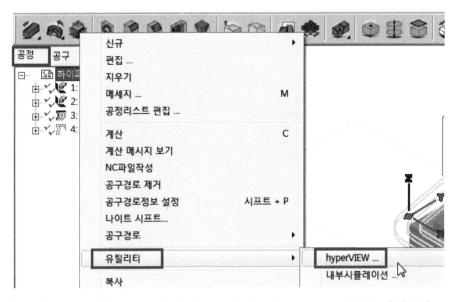

공정 탭에서 오른쪽 마우스를 클릭하여 유틸리티 〉 hyperVIEW를 선택한다.

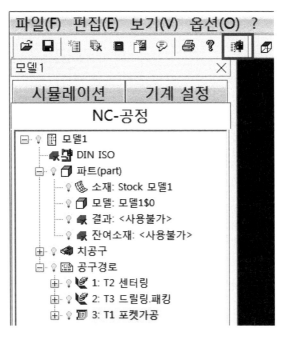

위 그림과 같이 NC 파일로 변환 아이콘을 클릭한다.

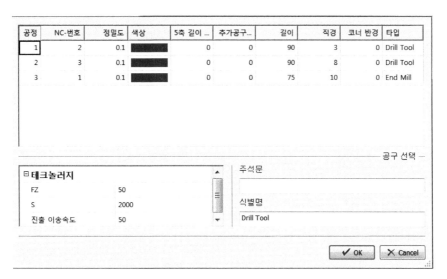

공정	NC-번호	정밀도	색상	5축 길이 …	추가공구…	길이	직경	코너 반경	타입
1	2	0.1		0	0	90	3	0	Drill Tool
2	3	0.1		0	0	90	8	0	Drill Tool
3	1	0.1		0	0	75	10	0	End Mill

공구 선택

⊟ 테크놀러지

FZ	50
S	2000
진출 이송속도	50

주석문

식별명

Drill Tool

✔ OK   ✕ Cancel

위와 같이 창이 뜨면 OK 버튼을 클릭한다.

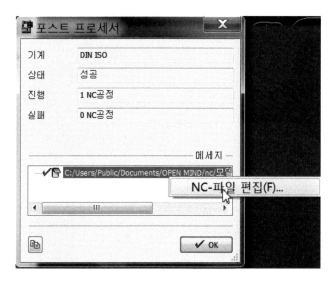

위와 같이 NC 파일 저장 경로가 나타나면 마우스 커서를 갖다대고 오른쪽 버튼으로 NC-파일 편집을 클릭한다.

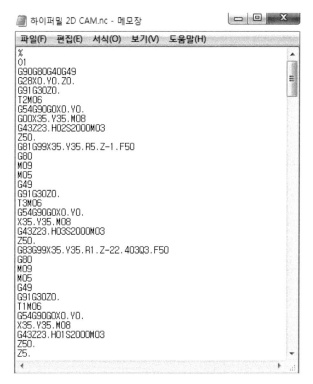

NC File이 생성되었다.

이상으로 기능사 준비용 CAM 따라 하기를 마친다.

▶ 컴퓨터응용밀링기능사 3

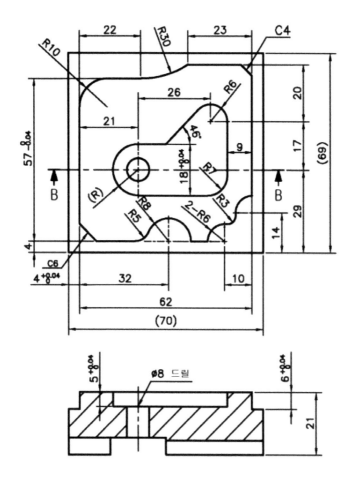

hyperMILL Cam을 이용하여 다음과 같은 절삭 지시서에 따라 가공해 보자.

공구 번호	작업 내용	파일명 (비밀번호가 2번일 경우)	공구 조건		경로 간격 (mm)	절삭 조건				비고
			종류	직경		회전수 (rpm)	이송 (m/m)	절입량 (mm)	잔량 (mm)	
1	센터링	센터링.nc	센터드릴	Ø3						
2	드릴링	드릴링.nc	드릴	Ø8						
3	포켓 가공	윤곽.nc	엔드밀	Ø10						

● 모델링 파일 불러오기

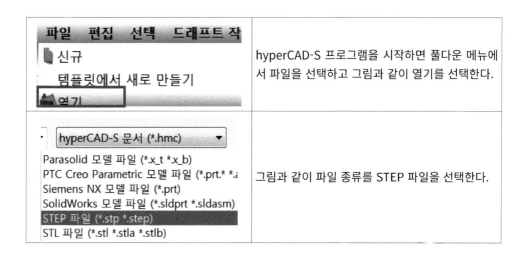	hyperCAD-S 프로그램을 시작하면 풀다운 메뉴에서 파일을 선택하고 그림과 같이 열기를 선택한다.
Parasolid 모델 파일 (*.x_t *.x_b) PTC Creo Parametric 모델 파일 (*.prt.* *. Siemens NX 모델 파일 (*.prt) SolidWorks 모델 파일 (*.sldprt *.sldasm) STEP 파일 (*.stp *.step) STL 파일 (*.stl *.stla *.stlb)	그림과 같이 파일 종류를 STEP 파일을 선택한다.

기능사 2.stp 파일을 마우스로 선택한 후 밑에 있는 열기를 클릭한다.

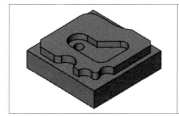	옆의 그림과 같이 STEP 모델링 파일을 불러온다.

1. 공정 리스트 설정

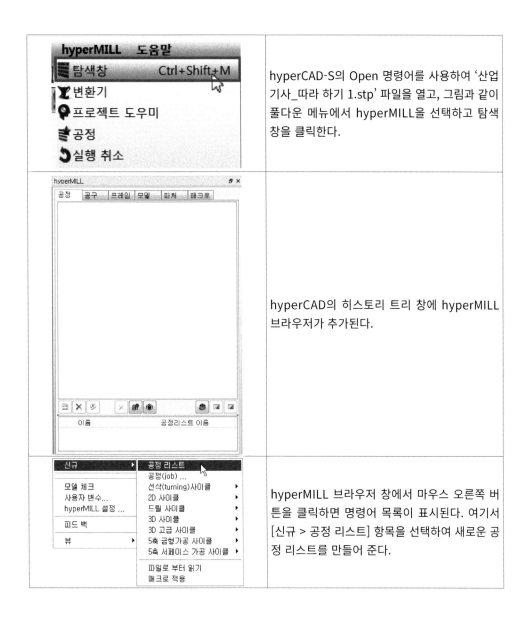

hyperMILL 도움말 / 탐색창 Ctrl+Shift+M / 변환기 / 프로젝트 도우미 / 공정 / 실행 취소	hyperCAD-S의 Open 명령어를 사용하여 '산업기사_따라 하기 1.stp' 파일을 열고, 그림과 같이 풀다운 메뉴에서 hyperMILL을 선택하고 탐색창을 클릭한다.
hyperMILL 브라우저 창 (공정/공구/프레임/모델/피처/매크로 탭)	hyperCAD의 히스토리 트리 창에 hyperMILL 브라우저가 추가된다.
신규 ▶ 공정 리스트 / 공정(job) ... / 선삭(turning)사이클 ▶ / 2D 사이클 ▶ / 드릴 사이클 ▶ / 3D 사이클 ▶ / 3D 고급 사이클 ▶ / 5축 금형가공 사이클 ▶ / 5축 서페이스 가공 사이클 ▶ / 모델 체크 / 사용자 변수... / hyperMILL 설정 ... / 피드 백 / 뷰 ▶ / 파일로 부터 읽기 / 매크로 적용	hyperMILL 브라우저 창에서 마우스 오른쪽 버튼을 클릭하면 명령어 목록이 표시된다. 여기서 [신규 > 공정 리스트] 항목을 선택하여 새로운 공정 리스트를 만들어 준다.

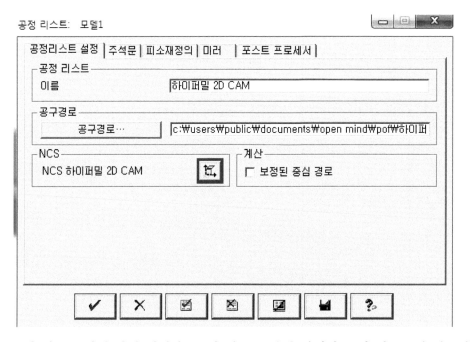

공정 리스트 설정 창이 열린다. 공정 리스트 설정 탭에서 공정 리스트의 이름과 POF 파일 저장 경로, NCS(공작물 원점) 등을 설정한다.

NCS는 공정 리스트를 생성할 때 CAD의 좌표계와 동일하게 자동 생성되는데, NCS 항목에서 원점계 편집 아이콘을 선택하면 아래 그림과 같이 원점 위치 또는 축 방향을 편집할 수 있다. 이 작업에서는 NCS와 동일한 CAD 좌표계를 가지고 있으므로 편집 작업은 생략하도록 한다.

또한, 스케치 라인만을 이용한 CAM 가공이므로 피소재 정의에 대한 작업을 생략하기로 한다.

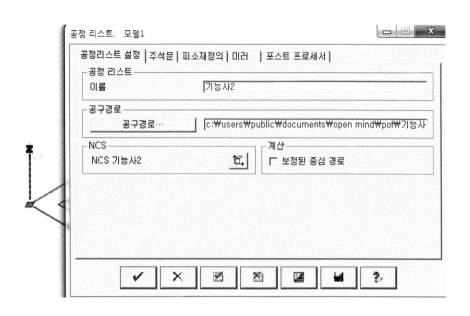

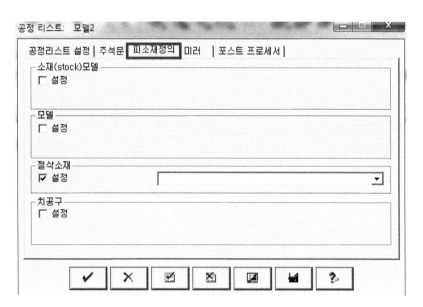

다음은 피소새 정의(PART DATA) 탭을 선택하여 다음과 같이 소재 모델(가공 소재)와 파트(가공 모델)를 정의한다.

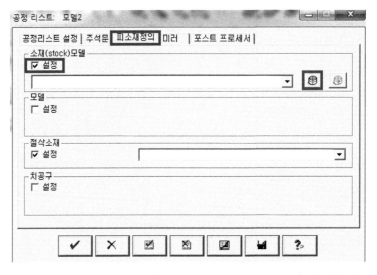

설정 항목을 체크하고 우측에 표시되는 신규 소재 아이콘을 선택한다.

소재 모델 정의 창이 열리면 모드에서 자동 계산(bounding geometry)을 선택한
후 소재 종류로 박스를 클릭한다.

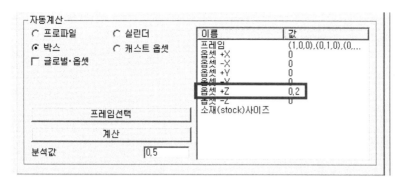

소재의 각 방향으로 여유를 적용하고자 할 때는 글로벌 옵셋에 있는 체크 표시를 해제하고 오른쪽에 있는 각 방향의 옵셋 부분에 옵셋 값을 기입한다.

여기서는 높이 45mm의 소재를 사용하고자 하니 오른쪽에 있는 +Z 옵셋에 0.2mm를 기입하고 왼쪽의 계산 버튼을 입력하여 소재를 생성한다.

다음과 같이 박스 형상의 육면체 소재가 화면에 표시된다.
소재가 원하는 대로 정의되면 OK ✔ 버튼을 클릭하여 소재 모델 정의를 완료한다.

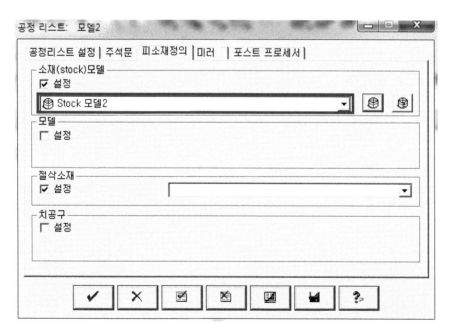

생성한 소재가 공정 리스트의 소재 모델 항목에 설정된 것을 볼 수 있다.

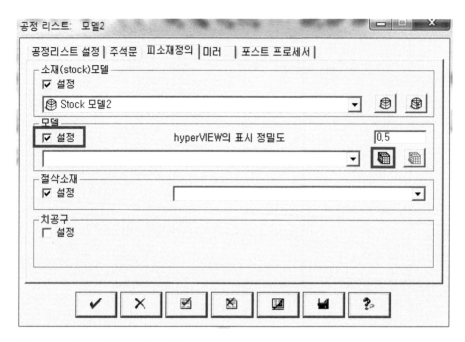

다음으로 파트 정의를 해 보자.

소재 모델 정의와 같이 설정 항목을 체크하고 신규 절삭 모델 아이콘을 선택한다.

절삭 모델 정의 창이 열리면 현재 선택 항목의 신규 선택 아이콘을 선택한다.

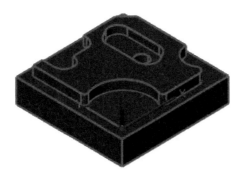

　가공하고자 하는 모델을 전체 선택(단축키 A)하고 OK 버튼을 우측 그림과 같이 선택된 서피스의 개수가 표시된다. 이제 OK 버튼으로 절삭 모델 창을 완료하고, 공정 리스트 창을 완료하면 기본적인 공정 리스트 정의가 끝난다.

2. 피처 공정

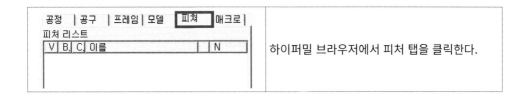

하이퍼밀 브라우저에서 피처 탭을 클릭한다.

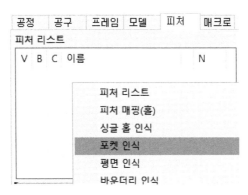

피처 탭에 피처 리스트 창에서 마우스 오른쪽 버튼을 클릭 후 포켓 인식을 선택한다.

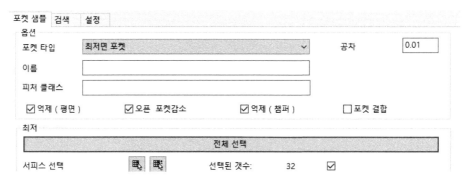

포켓 인식에 대한 창이 뜨면 최저 항목에서 전체 선택을 클릭한다.

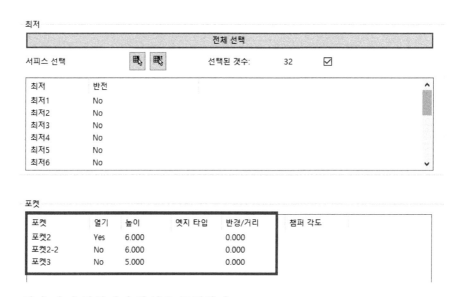

그림과 같이 인식되면 확인을 클릭한다.

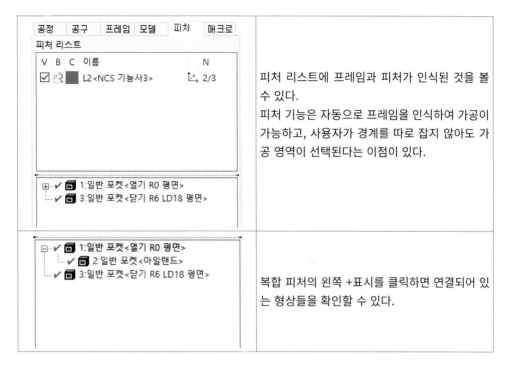

<table><tr><td>공정</td><td>공구</td><td>프레임</td><td>모델</td><td>**피처**</td><td>매크로</td></tr></table>피처 리스트 V　B　C　이름　　　　　　　　　　N ☑ 🔲 ■ L2<NCS 기능사3>　　　↳ 2/3 ⊞ ✔ 🔲 1:일반 포켓<열기 R0 평면> 　✔ 🔲 3:일반 포켓<닫기 R6 LD18 평면>	피처 리스트에 프레임과 피처가 인식된 것을 볼 수 있다. 피처 기능은 자동으로 프레임을 인식하여 가공이 가능하고, 사용자가 경계를 따로 잡지 않아도 가공 영역이 선택된다는 이점이 있다.
⊟ ✔ 🔲 1:일반 포켓<열기 R0 평면> 　✔ 🔲 2:일반 포켓<아일랜드> 　✔ 🔲 3:일반 포켓<닫기 R6 LD18 평면>	복합 피처의 왼쪽 +표시를 클릭하면 연결되어 있는 형상들을 확인할 수 있다.

　피처 메뉴에서 심플 포켓이나 복합 피처를 더블클릭하면 지정되어 있는 피처의 영역을 확인할 수 있다.

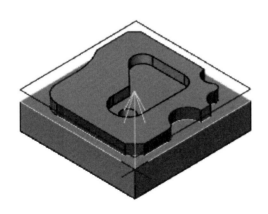

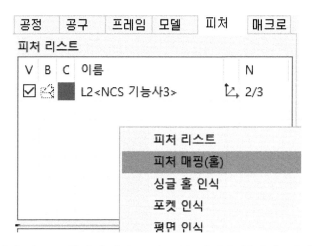

피처 탭에 피처 리스트 창에서 마우스 오른쪽 버튼을 클릭 후 피처 매핑(홀)을 선택한다.

피처 맵핑(홀)에 대한 창이 뜨면 다른 설정 없이 확인 버튼을 클릭한다.

<table>
<tr><td>

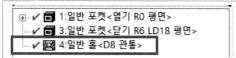

</td><td>

자동으로 인식된 모델에 대한 홀의 정보를 볼 수 있다.

</td></tr>
</table>

가공하려는 모델의 피처가 모두 인식되었다.

3. 드릴링 가공

<table>
<tr><td>

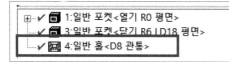

</td><td>

방금 피처 인식한 홀에 대한 피처를 선택한다.

</td></tr>
</table>

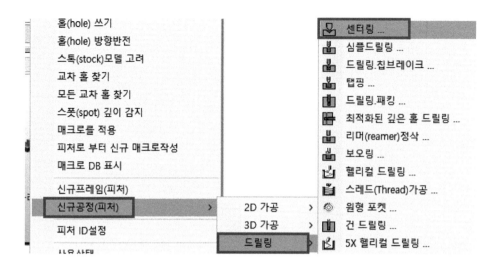

선택된 상태에서 오른쪽 마우스 버튼을 클릭해 신규 공정(피처) 〉 드릴 사이클 〉
센터링을 선택한다.

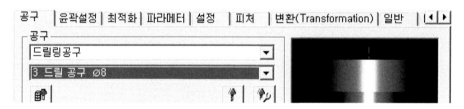

공구를 드릴 공구로 선택하고 위에서 입력해 놓은 3파이 드릴을 선택한다.

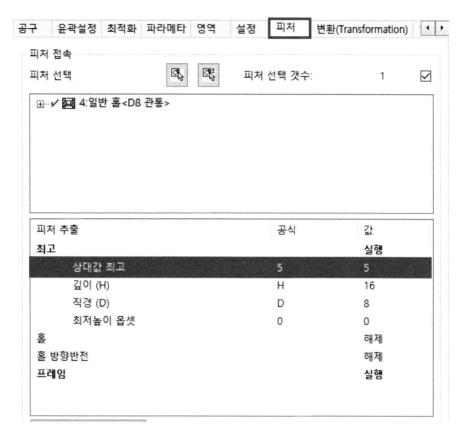

피처 탭을 선택하고 최고 높이 옵셋 부분을 선택한 후 5mm를 입력해 준다.

그 이유는 현재 모델링 상의 홀 깊이가 16mm이나 실제 가공 시에는 먼저 드릴 가공부터 시작하기 때문에 포켓 부분의 가공이 먼저 들어가지 않은 상태에서 가공을 하게 되면 NC 데이터가 급송 이송으로 포켓 5mm 부분까지 내려가기에 공구가 파손될 위험이 있어 일부러 옵셋 높이를 주는 것이다.

파라메타(가공 변수) 탭에서 가공 깊이를 깊이 값 사용으로 선택하고 깊이를 1mm를 입력한다.

아래의 홀 안전에서는 안전거리(상대) 값을 5mm로 입력한다.

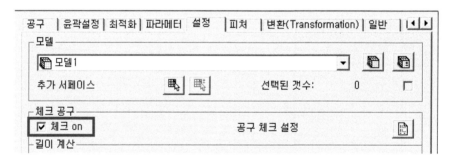

설정 탭에서 체크 공구의 체크 on 부분을 체크해 준다.

계산을 클릭한다.

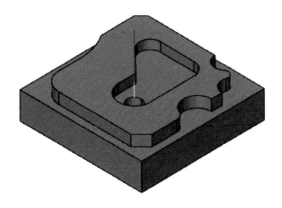

그림과 같은 툴 패스를 볼 수 있다.

|  | 피처 리스트에서 싱글 홀 D8 관통 부분을 선택한다. |

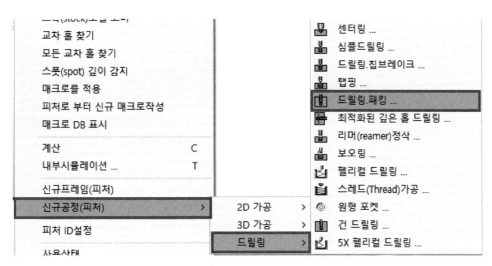

　선택된 상태에서 오른쪽 마우스 버튼을 클릭해 신규 공정(피처) 〉 드릴 사이클 〉
드릴링 패킹을 선택한니다.

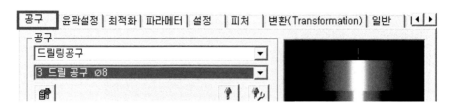

공구 탭에서 드릴링 공구를 선택하고 8파이의 공구를 선택한다.

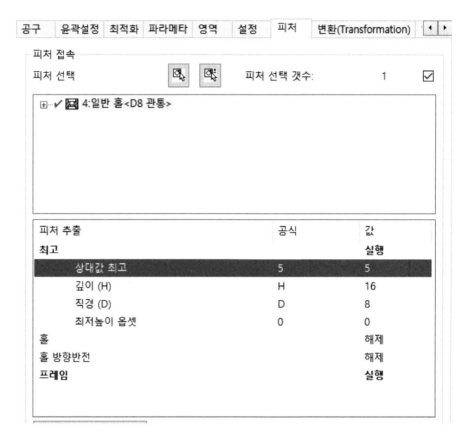

피처 탭을 선택하고 최고 높이 옵셋 부분을 선택한 후 5mm를 입력해 준다.

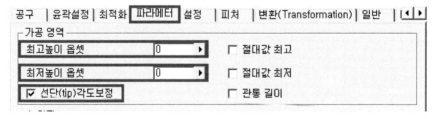

파라미터(가공 변수) 탭에서 가공 영역에 대한 설정 중 최고 높이 옵셋과 최저 높

이 옵셋에 0을 입력하고 선단 각도 보정에 체크를 해 준다.

*선단 각도 보정은 드릴의 팁각 높이만큼 보정해 주는 기능으로서 현재 모델에서는 관통 홀이기에 선단 각도 보정을 통해 완전 관통을 실현할 수 있다.

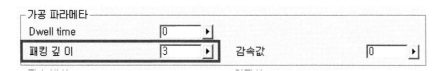

가공 파라미터에서 패킹 깊이에는 3mm를 입력한다. 패킹 깊이는 드릴링 작업 시 한 번의 절입량에 대한 설정이다. 계산을 클릭한다.

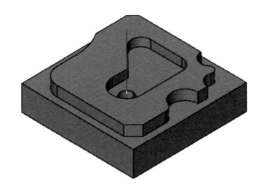

그림과 같이 툴 패스가 생성된다.

4. 포켓 가공

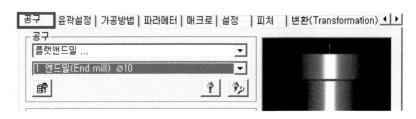

선택된 상태에서 오른쪽 마우스 버튼을 클릭해 신규 공정(피처) 〉 2D 가공 〉 포켓 가공을 선택한다.

공구를 플랫 앤드밀로 선택하고 위에서 입력해 놓은 10파이 엔드밀을 선택한다.

가공 방법 탭을 선택하고 3D 모드를 선택한다.

파라미터 탭을 Z 절삭량을 2, 소재 여유량에는 각 0을 입력하고 계산 버튼을 클릭한다.

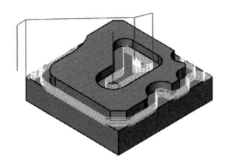

다음과 같은 툴 패스가 생성된다.

5. NC-FILE 추출

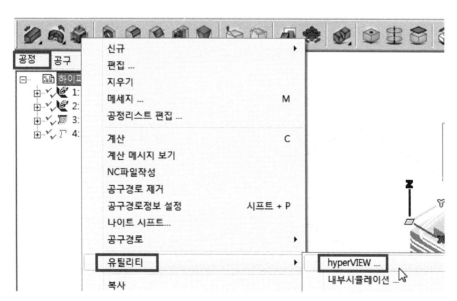

공정 탭에서 오른쪽 마우스를 클릭하여 유틸리티 〉 hyperVIEW를 선택한다.

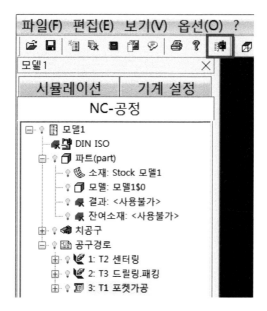

위 그림과 같이 NC 파일로 변환 아이콘을 클릭한다.

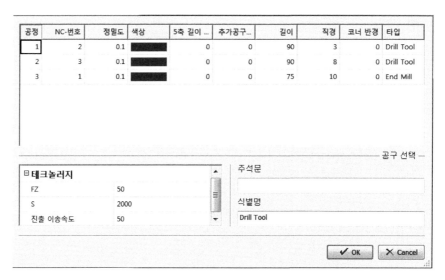

위외 같이 창이 뜨면 OK 버튼을 클릭한다.

위와 같이 NC 파일 저장 경로가 나타나면 마우스 커서를 갖다 대고 오른쪽 버튼을 NC-파일 편집을 클릭한다.

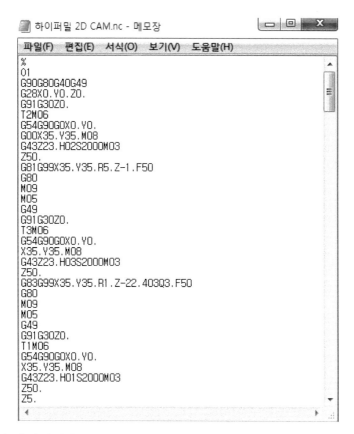

NC File이 생성되었다.

이상으로 기능사 준비용 CAM 따라 하기를 마치도록 한다.

하이퍼밀(hyperMILL) 5축 머시닝센터 가공

hyperMILL 3차원 가공

▶ 컴퓨터응용가공산업기사 1

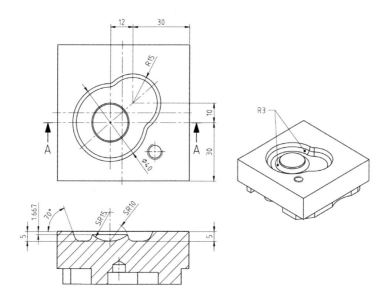

hyperMILL Cam을 이용하여 다음과 같은 절삭 지시서에 따라 가공해 보자.

공구 번호	작업 내용	파일명 (비밀번호가 2번일 경우)	공구 조건		경로 간격 (mm)	절삭 조건				비고
			종류	직경		회전수 (rpm)	이송 (m/m)	절입량 (mm)	잔량 (mm)	
1	황삭	02황삭.nc	평E/M	Ø10	사용자가 적정값을 입력하여 가공					
2	정삭	02정삭.nc	볼E/M	Ø6						

● 모델링 파일 불러오기

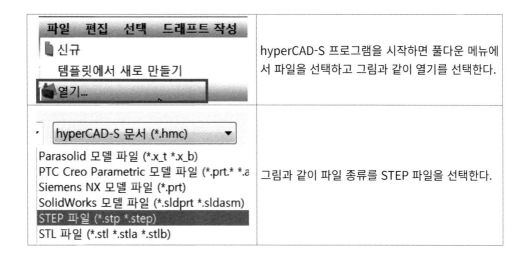	hyperCAD-S 프로그램을 시작하면 풀다운 메뉴에서 파일을 선택하고 그림과 같이 열기를 선택한다.
	그림과 같이 파일 종류를 STEP 파일을 선택한다.

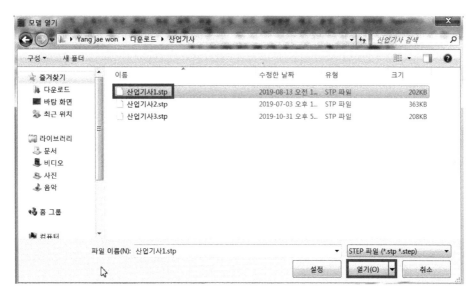

산업기사 1.stp 파일을 마우스로 선택한 후 밑에 있는 열기를 클릭한다.

| 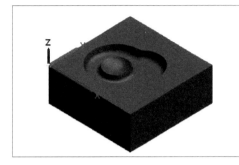 | 옆의 그림과 같이 hyperCAD-S에서 작성한 파일을 불러온다. |

1. 공정 리스트 설정

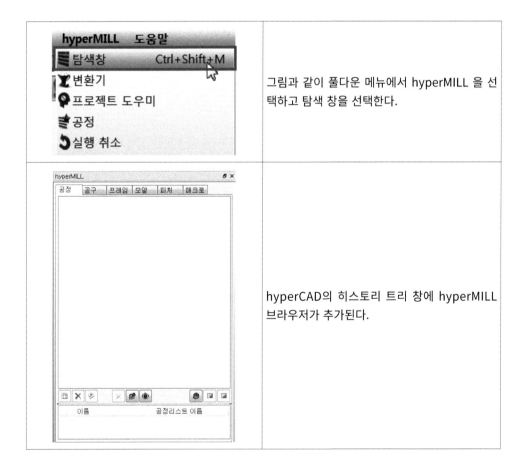

	그림과 같이 풀다운 메뉴에서 hyperMILL 을 선택하고 탐색 창을 선택한다.
	hyperCAD의 히스토리 트리 창에 hyperMILL 브라우저가 추가된다.

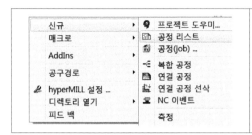

hyperMILL 브라우저 창에서 마우스 오른쪽 버튼을 클릭하면 명령어 목록이 표시된다. 여기서 신규 > 공정 리스트 항목을 선택하여 새로운 공정 리스트를 만들어 준다.

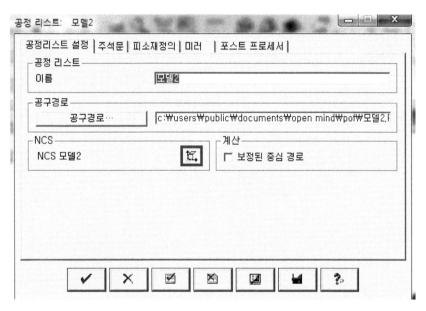

공정 리스트 설정 창이 열린다. 공정 리스트 설정 탭에서 공정 리스트의 이름과 POF 파일 저장 경로, NCS(공작물 원점) 등을 설정한다.

NCS는 공정 리스트를 생성할 때 CAD의 좌표계와 동일하게 자동 생성되는데, NCS 항목에서 원점계 편집 아이콘을 선택하면 아래 그림과 같이 원점 위치 또는 축 방향을 편집할 수 있다. 이 작업에서는 NCS와 동일한 CAD 좌표계를 가지고 있으므로 편집 작업은 생략하도록 한다.

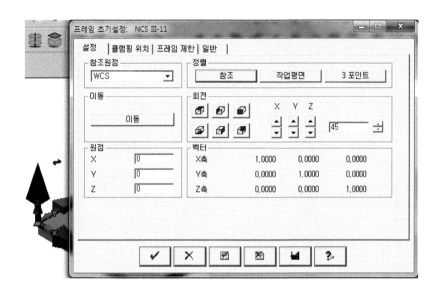

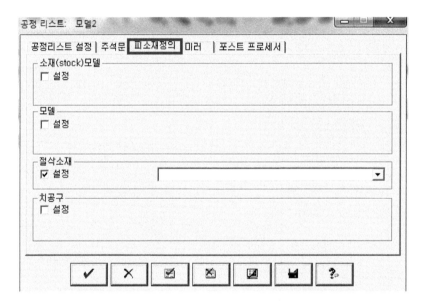

다음은 피소재 정의(PART DATA) 탭을 선택하여 다음과 같이 소재 모델(가공 소재)과 파트(가공 모델)를 정의한다.

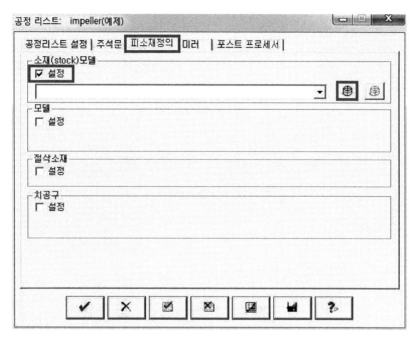

설정 항목을 체크하고 우측에 표시되는 신규 소재 아이콘을 선택한다.

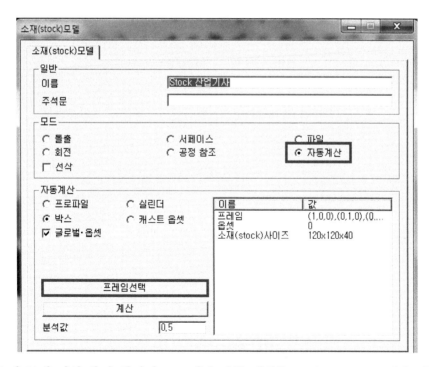

소재 모델 정의 창이 열리면 모드에서 자동 계산(bounding geometry)을 선택한
후 계산 버튼을 클릭한다.

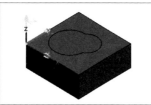

다음과 같이 박스 형상의 육면체 소재가 화면에 표시된다.
소재가 원하는 대로 정의되면 OK ✔ 버튼을 클릭하여 소재 모델 정의를 완료한다.

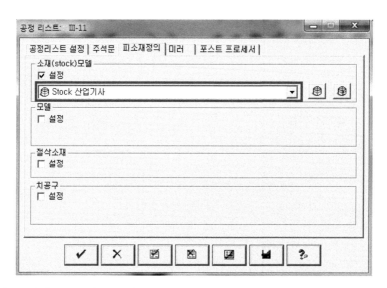

생성한 소재가 공정 리스트의 소재 모델 항목에 설정된 것을 볼 수 있다.

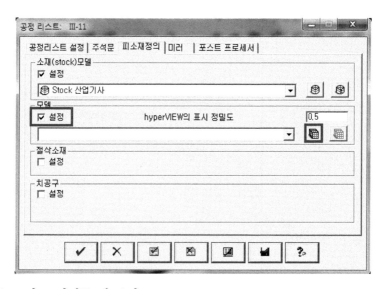

다음으로 파트 정의를 해 보자.

소재 모델 정의와 같이 설정 항목을 체크하고 신규 절삭 모델 아이콘을 선택한다.

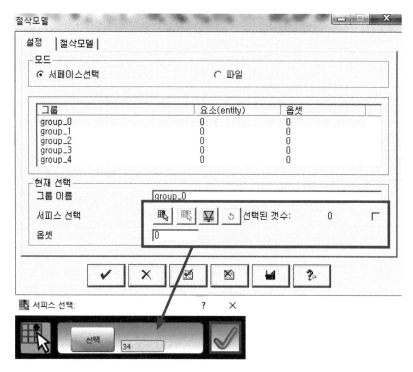

절삭 모델 정의 창이 열리면 현재 선택 항목의 신규 선택 아이콘을 선택한다.

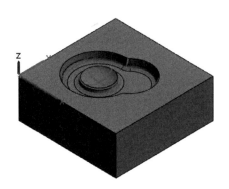

　가공하고자 하는 모델을 전체 선택(단축키 A)하고 OK 버튼을 그림과 같이 선택된 서피스의 개수가 표시된다. 이제 OK 버튼으로 절삭 모델 창을 완료하고, 공정 리스트 창을 완료하면 기본적인 공정 리스트 정의가 끝난다.

2. 황삭 공정

3D 등고선 황삭 가공(소재 지정)
이 황삭 가공 공정은 미리 생성해 놓은 가공 소재(STOCK)를 지정하여 평면 단위로 소재를 제거하는 툴패스를 생성해 주는 작업 공정이다. 이 작업 공정에서는 가공물에 대한 모델링 파일과는 별도로 소재가 정의된 파일이 필요하다.

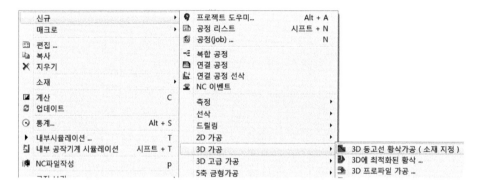

작업 공정을 추가하기 위해 브라우저 창 내에서 오른쪽 마우스 버튼을 클릭한다. 그림과 같이 선택 목록이 표시되면 3D 등고선 황삭 가공(소재 지정) 항목을 선택하여 작업 공정 편집 창을 열어 준다.

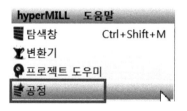

*hyperMILL 메뉴에서 공정을 선택하여 신규 오퍼레이션 창에서 작업 공정을 추가할 수도 있다.

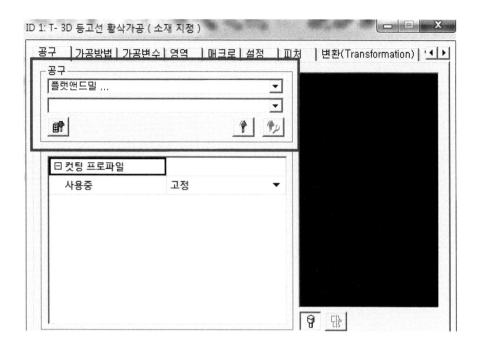

공구

작업 공정 정의 창이 열리면 첫 번째 탭인 공구가 표시된다.

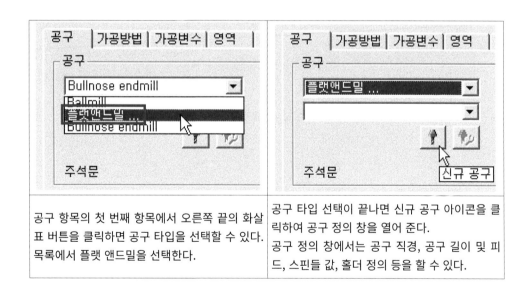

공구 항목의 첫 번째 항목에서 오른쪽 끝의 화살표 버튼을 클릭하면 공구 타입을 선택할 수 있다. 목록에서 플랫 앤드밀을 선택한다.	공구 타입 선택이 끝나면 신규 공구 아이콘을 클릭하여 공구 정의 창을 열어 준다. 공구 정의 창에서는 공구 직경, 공구 길이 및 피드, 스핀들 값, 홀더 정의 등을 할 수 있다.

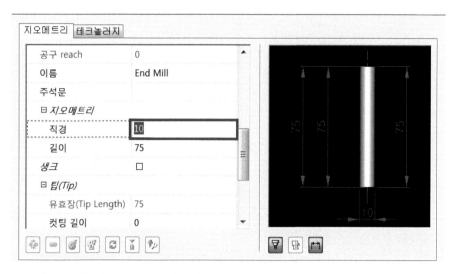

공구 탭의 직경 항목에 10를 입력하여 10Ø 공구를 만든다.

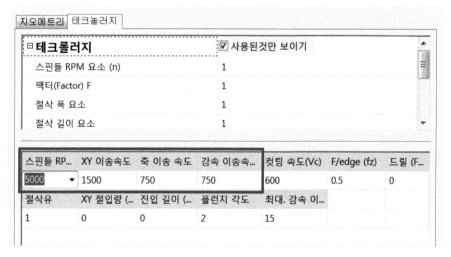

공구 직경을 정의하면 테크놀러지 탭으로 넘어가서

이송(FEEDRATE) 1500 / 축 이송 750 / 감속 이송 750 / 회전 수(SPINDLE) 5000을
지정한다.

단, 공구의 컨디션과 기계 상황에 따라 기계의 Feedrate %를 조절하여 가공한다.

옵션 설정은 다음과 같이 설정해 준다.

절삭 방향: 윤곽에 평행

가공 우선순위: 포켓

평면형 방식: 연속으로(Out-)In)

절삭 방식: 하향 가공

가공 방법

– 절삭 방향

가공하고자 하는 형상에 따라 가공 방향을 지정해 주는 옵션으로 윤곽에 평행 옵션이 있다.

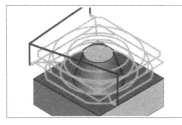

윤곽에 평행(Contour Parallel):
형상의 윤곽과 평행하게 가공할 경우 사용한다.
한마디로 형상에 옵셋으로 가공 경로를 생성해 주는 것이다.

가공 우선순위(Machining priority)를 지정한다.

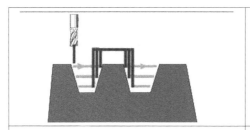

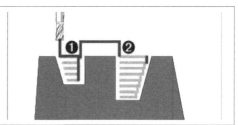

평면 우선(plane) 하나의 레벨에 모든 포켓을 똑같이 순차적으로 가공한다.	포켓 우선(pocket) 하나의 포켓을 다 가공한 후 다른 포켓으로 이동하여 가공한다.

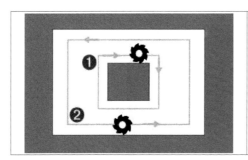

하향 가공(climb milling)은
내부 윤곽 – 시계 방향
외부 윤곽 – 반시계 방향으로 가공한다.

상향 가공(conventional milling)은 하향 가공과 반대 방향으로 움직이며 가공한다.

– 절삭 방향(cutting mode)

사용자의 편의에 따라 지정한다. 여기서는 하향 가공을 선택한다.

평면형 방식을 지정한다.

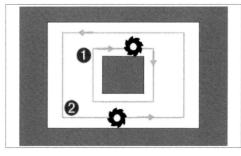

하향 가공(climb milling)은
내부 윤곽 – 시계 방향
외부 윤곽 – 반시계 방향으로 가공한다.

상향 가공(conventional milling)은 하향 가공과 반대 방향으로 움직이며 가공한다.

– 절삭 방향(cutting mode)

사용자의 편의에 따라 지정한다. 여기서는 하향 가공을 선택한다.

평면형 방식을 지정한다.

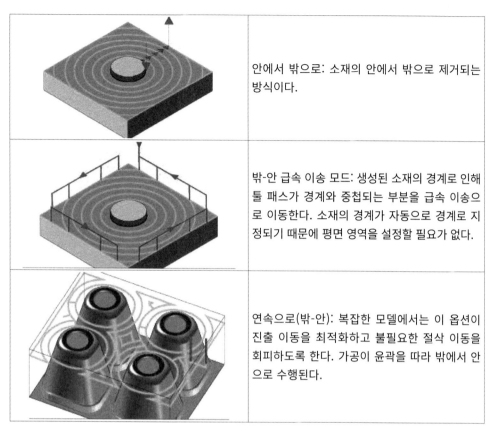

	안에서 밖으로: 소재의 안에서 밖으로 제거되는 방식이다.
	밖-안 급속 이송 모드: 생성된 소재의 경계로 인해 툴 패스가 경계와 중첩되는 부분을 급속 이송으로 이동한다. 소재의 경계가 자동으로 경계로 지정되기 때문에 평면 영역을 설정할 필요가 없다.
	연속으로(밖-안): 복잡한 모델에서는 이 옵션이 진출 이동을 최적화하고 불필요한 절삭 이동을 회피하도록 한다. 가공이 윤곽을 따라 밖에서 안으로 수행된다.

– 양방향 절삭 대처(Full cut behavior)

이 옵션은 가공 중 Full cut 상황에서 이송속도(Feedrate)를 줄여서 공구의 손상을 방지하는 옵션이다. Full cut 구간의 이송속도 감속은 공구 설정에서 이송속도(감속) 항목에 입력된 이송 속도로 감속된다

파라미터

– 가공 영역

가공 영역은 가공하고자 하는 최고 높이와 최젓값을 지정한다.

여기에서는 소재 인식을 한 황삭가공이므로 가공 영역을 설정해 줄 필요가 없다.

– 절삭

여기서는 공구의 수평, 수직 이송 시의 절입량과 소재의 여유량 등을 입력한다.
각 항목의 값으로 (XY 절삭량: 45%, Z 절삭량: 0.3mm, 소재 여유량: 0.1mm)을 입
력하여 준다.

평면 부위 검출(plane level detection): 평면에만 적용되는 옵션이다.

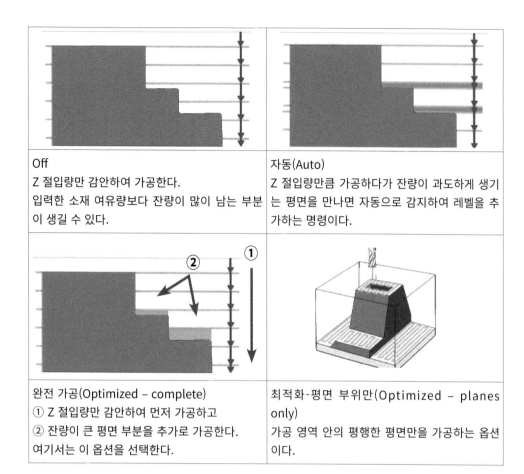

Off Z 절입량만 감안하여 가공한다. 입력한 소재 여유량보다 잔량이 많이 남는 부분이 생길 수 있다.	**자동(Auto)** Z 절입량만큼 가공하다가 잔량이 과도하게 생기는 평면을 만나면 자동으로 감지하여 레벨을 추가하는 명령이다.
완전 가공(Optimized – complete) ① Z 절입량만 감안하여 먼저 가공하고 ② 잔량이 큰 평면 부분을 추가로 가공한다. 여기서는 이 옵션을 선택한다.	**최적화-평면 부위만(Optimized – planes only)** 가공 영역 안의 평행한 평면만을 가공하는 옵션이다.

– 안전성(safety)

공구가 급속 이동 시 정해진 높이 혹은 거리에서 안전하게 이동하도록 설정하는 옵션이다. 지시서의 내용처럼 50으로 설정하도록 한다.

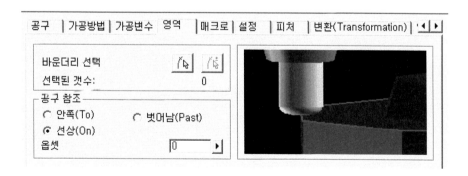

영역

가공하고자 하는 영역을 설정한다.

이미 소재 지정이 되어 있는 공정이므로 특별히 설정을 안 하여도 무관하다.

매크로	
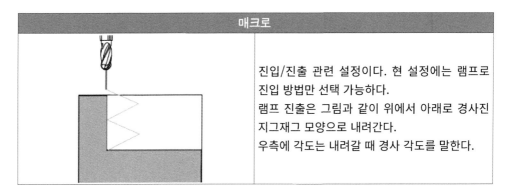	진입/진출 관련 설정이다. 현 설정에는 램프로 진입 방법만 선택 가능하다. 램프 진출은 그림과 같이 위에서 아래로 경사진 지그재그 모양으로 내려간다. 우측에 각도는 내려갈 때 경사 각도를 말한다.

참고로 가공 방법에서 윤곽에 평행(contour parallel)을 선택했을 경우 매크로에 헬리컬이라는 옵션이 생성되는데, 이 옵션은 진출입 시 원형을 그리며 내려가는 옵션이다. 헬리컬의 반지름은 공구 반지름의 80%를 설정한다.

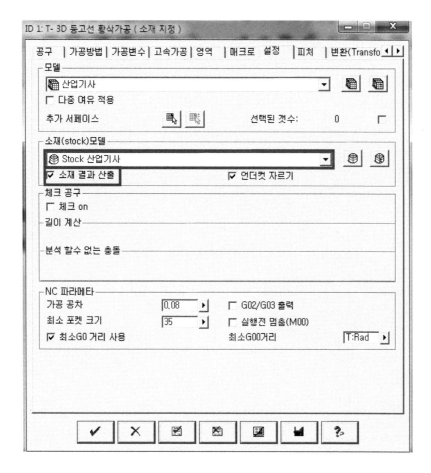

설정

- 모델/소재 모델

각각의 목록을 열어 공정 리스트 정의 시 생성해 놓은 모델(절삭 영역) 또는 소재를 선택한다. 미리 생성해 놓지 않은 경우에는 신규 생성 아이콘을 사용하여 새 모델/소재를 정의할 수 있다.

- 소재 결과 산출(Generate resulting stock)

황삭 가공에만 있는 옵션으로 황삭 가공 후 남은 결과물 형상의 소재 모델링을 생성하여 준다.

- NC 파라미터

가공 공차(Machining tolerance): 필요한 공차를 입력한다. 값은 툴 패스 생성을 위한 계산이 수행될 때 정확성을 정의한다.

– G2/G3 출력

레벨의 원형 호는 NC 프로그램에서 G2 또는 G3 명령으로 출력이 된다. 이 기능이 활성화되지 않으면 모든 움직임은 G1 명령으로 출력된다.

모든 설정이 끝났으므로 계산 버튼을 클릭하여 계산을 시작한다.

	모든 설정이 오류 없이 설정되면 그림과 같이 툴패스가 형성되고 공정 목록에는 아래 그림과 같은 V체크가 만들어진다.
	Erase toolpaths 아이콘으로 화면에 표시된 툴패스를 지울 수 있다.
	hyperMILL 브라우저 하단에서 새로 생성된 소재의 전구 표시를 클릭하면 전구에 불이 들어오며 황삭 가공된 소재 형상을 볼 수 있다.

3. 정삭 공정

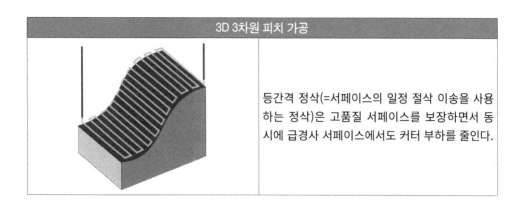

3D 3차원 피치 가공	
	등간격 정삭(=서페이스의 일정 절삭 이송을 사용하는 정삭)은 고품질 서페이스를 보장하면서 동시에 급경사 서페이스에서도 커터 부하를 줄인다.

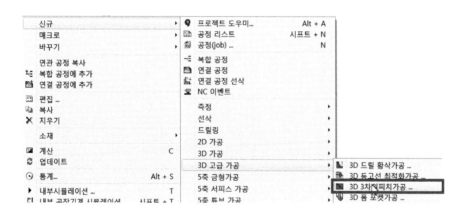

정삭 작업을 위해 3D 3차원 피치 가공을 열어 보자.

브라우저 창에서 오른쪽 마우스를 클릭하여 표시된 명령어 목록에서 3D 3차원 피치 가공을 선택한다.

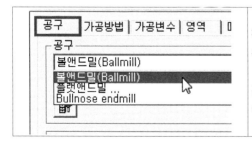

공구	작업 공정 편집 창이 열리면 먼저 공구 탭에서 공구를 지정해 준다.
	공구 타입을 Ballmill로 변경하고 신규 공구 아이콘을 선택하여 공구 설정 창을 열어 준다.

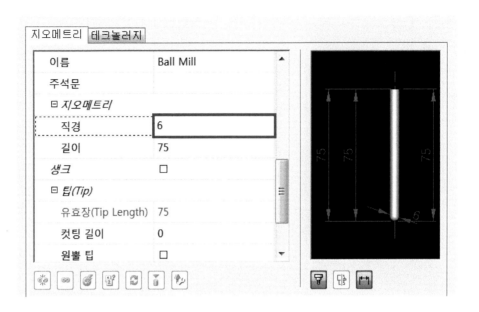

공구 설정

– 공구

공구번호 2번 공구는 6∅ 볼 엔드밀로 설정한다.

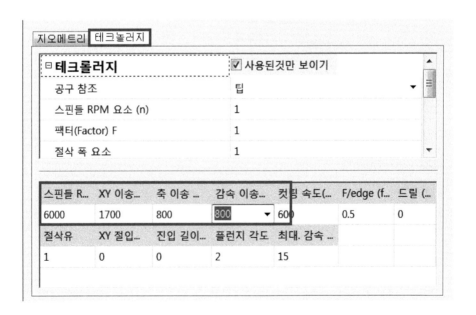

테크놀러지

스핀들은 6000에 피드 값은 1700을 입력한다.

가공 방법

이송 방법에서 등간격(1커브)를 선택하고, 아이콘을 클릭하여 프로파일을 설정한다.

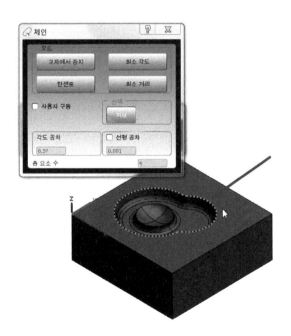

그림과 같이 프로파일을 선택한다.

★ 선이 여러 개로 나뉘어 있을 경우엔 단축키 C(체인)를 입력하여 한 번에 선택한다.

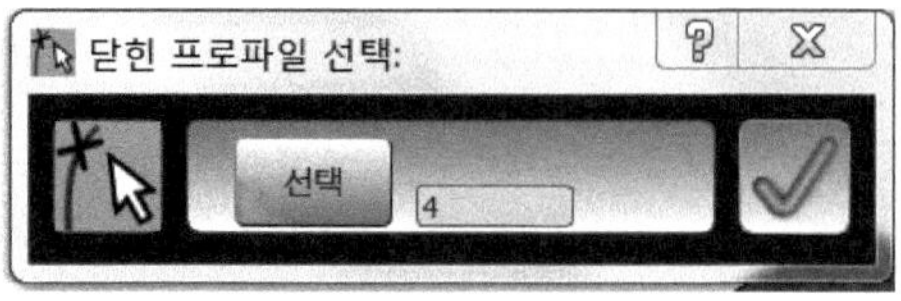

선택되었으면 우측의 확인 버튼을 클릭한다.

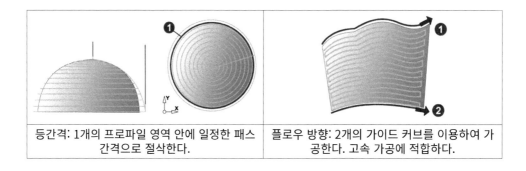

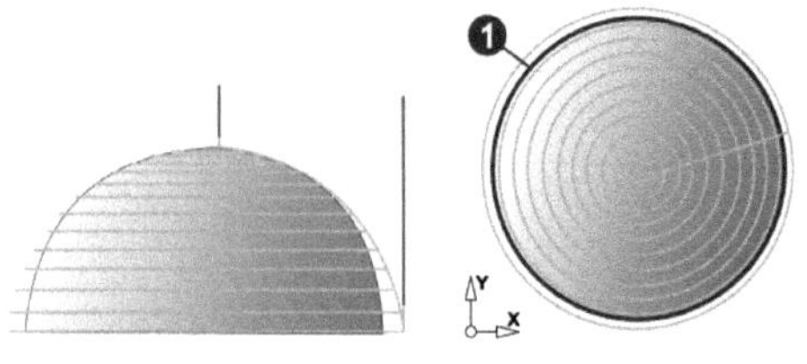	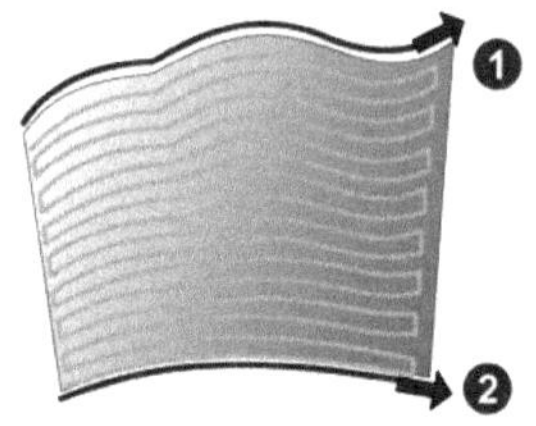
등간격: 1개의 프로파일 영역 안에 일정한 패스 간격으로 절삭한다.	플로우 방향: 2개의 가이드 커브를 이용하여 가공한다. 고속 가공에 적합하다.

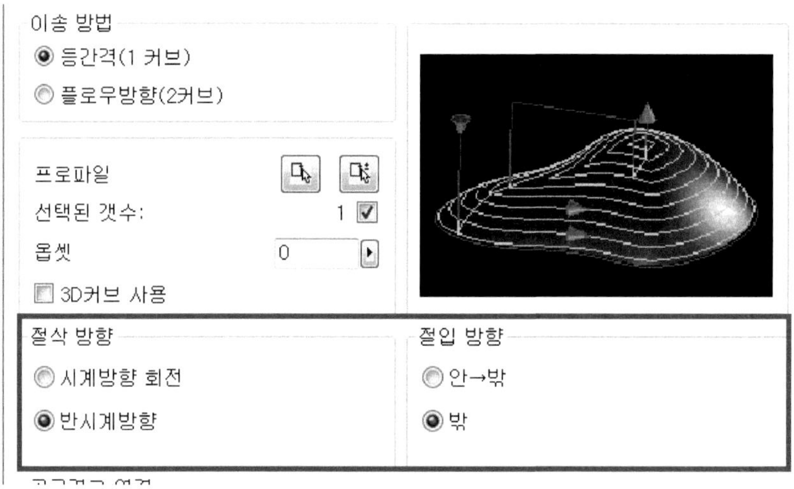

프로파일이 선택되었으면 아래와 같이 설정한다.

절삭 방향: 반시계 방향 / 절입 방향: 밖

파라메타

가공 영역은 최저 −5를 입력하며, 진입에서 여유량은 0을 3D 입량은 0.1을 입력
한다.

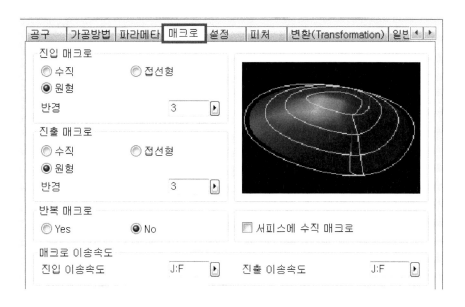

매크로

그림과 같은 값으로 설정한다.

진입/진출 매크로(Approach / Retract Macros)

공구의 진입/진출 시 움직임의 방식을 지정해 준다.

ⓐ 수직 / ⓑ 원형 / ⓒ 접선형

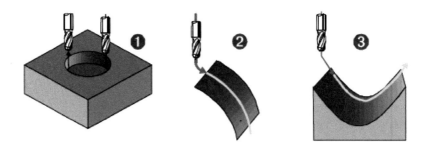

설정

모델에서는 황삭에서와 같이 미리 지정한 파트를 선택하고 가공 공차에 0.01을 입력한다. 설정이 끝나면 계산 버튼을 누른다.

계산이 완료되면 위과 같은 툴 패스를 볼 수 있다.

이상으로 정삭 과정을 마치도록 한다.

4. NC-FILE 추출

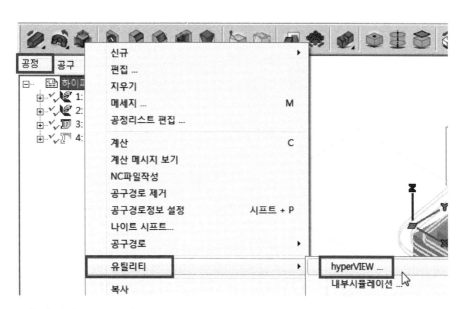

공정 탭에서 오른쪽 마우스를 클릭하여 유틸리티 > hyperVIEW를 선택한다.

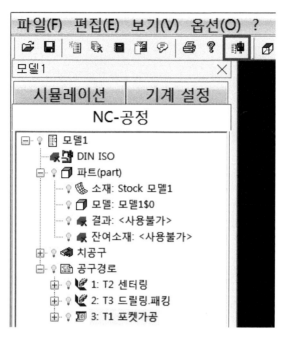

위 그림과 같이 NC 파일로 변환 아이콘을 클릭한다.

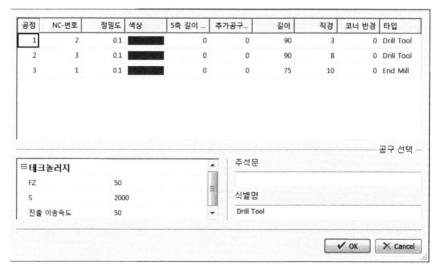

공정	NC-번호	정밀도	색상	5축 길이 ...	추가공구...	길이	직경	코너 반경	타입
1	2	0.1	■	0	0	90	3	0	Drill Tool
2	3	0.1	■	0	0	90	8	0	Drill Tool
3	1	0.1	■	0	0	75	10	0	End Mill

공구 선택

테크놀러지

FZ	50
S	2000
진출 이송속도	50

주석문

식별명

Drill Tool

✓ OK   ✕ Cancel

위와 같이 창이 뜨면 OK 버튼을 클릭한다.

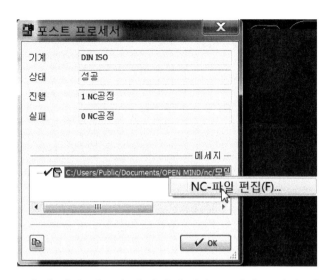

위와 같이 NC 파일 저장 경로가 나타나면 마우스 커서를 갖다 대고 오른쪽 버튼을 NC-파일 편집을 클릭한다.

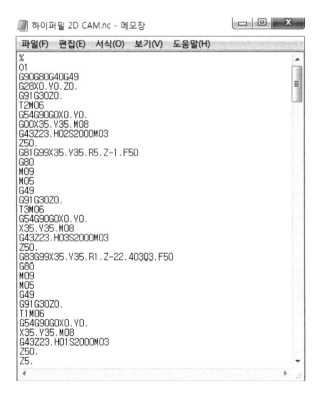

NC File이 생성되었다.

이상으로 컴퓨터응용가공산업기사 준비용 CAM 따라 하기를 마친다.

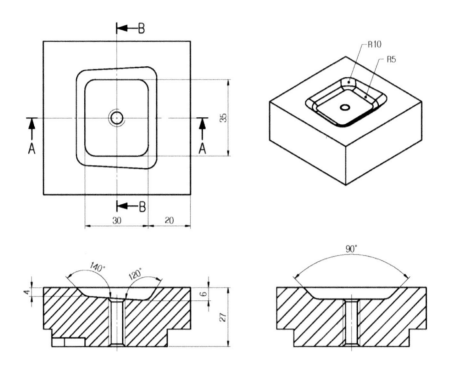

hyperMILL Cam을 이용하여 다음과 같은 절삭지시서에 따라 가공해 보자.

공구 번호	작업 내용	파일명 (비밀번호가 2번일 경우)	공구 조건		경로 간격 (mm)	절삭 조건				비고
			종류	직경		회전수 (rpm)	이송 (m/m)	절입량 (mm)	잔량 (mm)	
1	황삭	02황삭.nc	평E/M	Ø10	사용자가 적정값을 입력하여 가공					
2	정삭	02정삭.nc	볼E/M	Ø6						

● 외부 모델링 불러오기

<table>
<tr>
<td>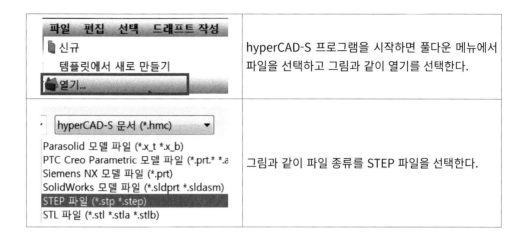</td>
<td>hyperCAD-S 프로그램을 시작하면 풀다운 메뉴에서
파일을 선택하고 그림과 같이 열기를 선택한다.</td>
</tr>
<tr>
<td>

hyperCAD-S 문서 (*.hmc) ▼
Parasolid 모델 파일 (*.x_t *.x_b)
PTC Creo Parametric 모델 파일 (*.prt.* *.a
Siemens NX 모델 파일 (*.prt)
SolidWorks 모델 파일 (*.sldprt *.sldasm)
STEP 파일 (*.stp *.step)
STL 파일 (*.stl *.stla *.stlb)

</td>
<td>그림과 같이 파일 종류를 STEP 파일을 선택한다.</td>
</tr>
</table>

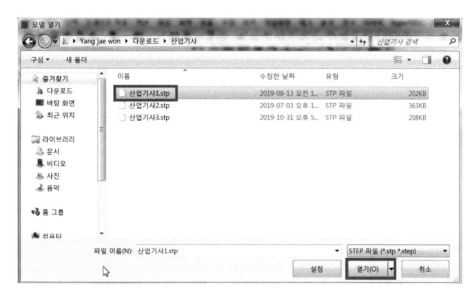

산업기사 1.stp 파일을 마우스로 선택한 후 밑에 있는 열기를 클릭한다.

<table>
<tr>
<td></td>
<td>옆의 그림과 같이 hyperCAD-S에서 작성한 파
일을 불러온다.</td>
</tr>
</table>

1. 공정 리스트 설정

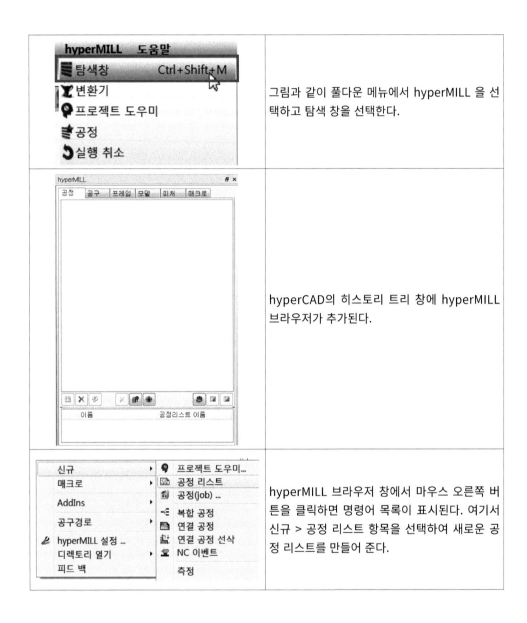

hyperMILL 도움말 탐색창 Ctrl+Shift+M 변환기 프로젝트 도우미 공정 실행 취소	그림과 같이 풀다운 메뉴에서 hyperMILL 을 선택하고 탐색 창을 선택한다.
hyperMILL 공정 공구 프레임 모델 피처 매크로 이름 공정리스트 이름	hyperCAD의 히스토리 트리 창에 hyperMILL 브라우저가 추가된다.
신규 ▶ 프로젝트 도우미... 매크로 ▶ 공정 리스트 공정(job) ... AddIns ▶ 복합 공정 공구경로 ▶ 연결 공정 hyperMILL 설정 ... 연결 공정 선삭 디렉토리 열기 ▶ NC 이벤트 피드 백 측정	hyperMILL 브라우저 창에서 마우스 오른쪽 버튼을 클릭하면 명령어 목록이 표시된다. 여기서 신규 > 공정 리스트 항목을 선택하여 새로운 공정 리스트를 만들어 준다.

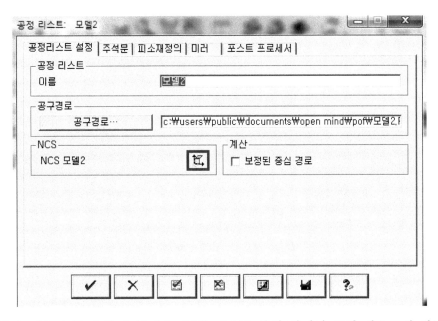

공정 리스트 설정 창이 열린다. 공정 리스트 설정 탭에서 공정 리스트의 이름과 POF 파일 저장 경로, NCS(공작물 원점) 등을 설정한다.

NCS는 공정 리스트를 생성할 때 CAD의 좌표계와 동일하게 자동 생성되는데, NCS 항목에서 원점계 편집 아이콘을 선택하면 아래 그림과 같이 원점 위치 또는 축 방향을 편집할 수 있다. 이 작업에서는 NCS와 동일한 CAD 좌표계를 가지고 있으므로 편집 작업은 생략하도록 한다.

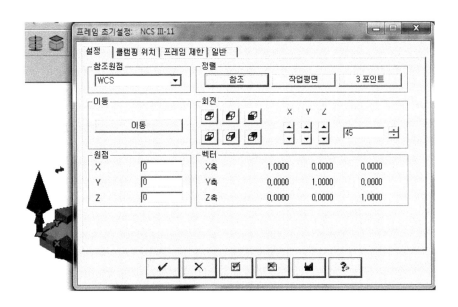

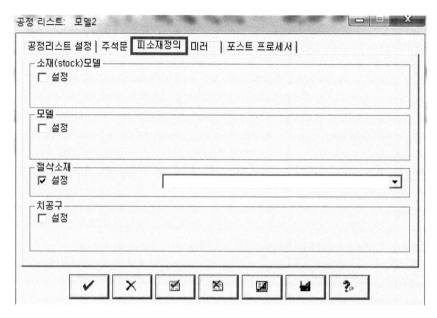

다음은 피소재 정의(PART DATA) 탭을 선택하여 다음과 같이 소재 모델(가공 소재)과 파트(가공 모델)를 정의한다.

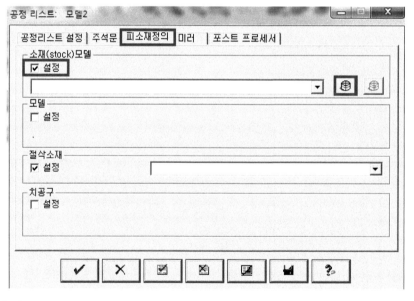

설정 항목을 체크하고 우측에 표시되는 신규 소재 아이콘을 선택한다.

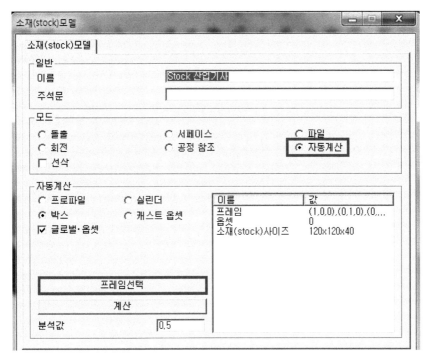

소재 모델 정의 창이 열리면 모드에서 자동 계산(bounding geometry)을 선택한 후 계산 버튼을 클릭한다.

다음과 같이 박스 형상의 육면체 소재가 화면에 표시된다.
소재가 원하는 대로 정의되면 OK ✔️버튼을 클릭하여 소재 모델 정의를 완료한다.

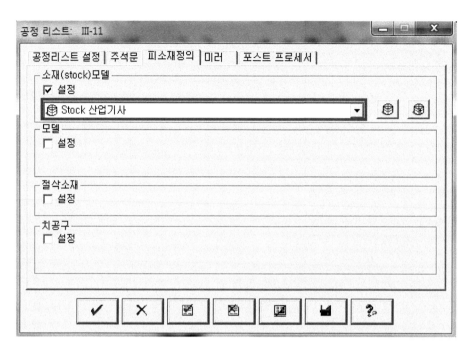

생성한 소재가 공정 리스트의 소재 모델 항목에 설정된 것을 볼 수 있다.

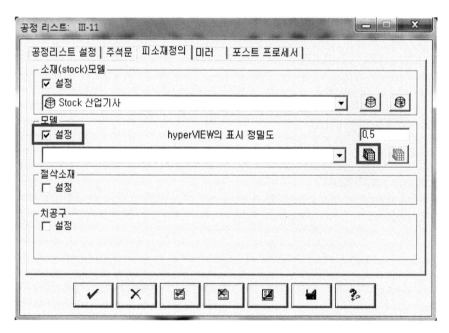

다음으로 파트 정의를 해 보자.

소재 모델 정의와 같이 설정 항목을 체크하고 신규 절삭 모델 아이콘을 선택한다.

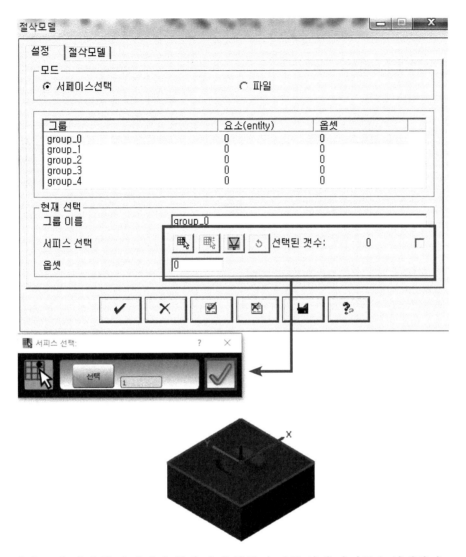

절삭 모델 정의 창이 열리면 현재 선택 항목의 신규 선택 아이콘을 선택한다.

가공하고자 하는 모델을 전체 선택(단축키 A)하고 OK 버튼을 그림과 같이 선택된 서피스의 개수가 표시된다. 이제 OK 버튼으로 절삭 모델 창을 완료하고, 공정 리스트 창을 완료하면 기본적인 공정 리스트 정의가 끝난다.

2. 황삭 공정

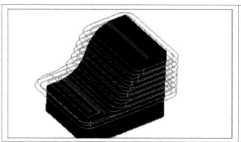

3D 등고선 황삭 가공(소재 지정)
이 황삭 가공 공정은 미리 생성해 놓은 가공 소재(STOCK)를 지정하여 평면 단위로 소재를 제거하는 툴 패스를 생성해 주는 작업 공정이다. 이 작업 공정에서는 가공물에 대한 모델링 파일과는 별도로 소재가 정의된 파일이 필요하다.

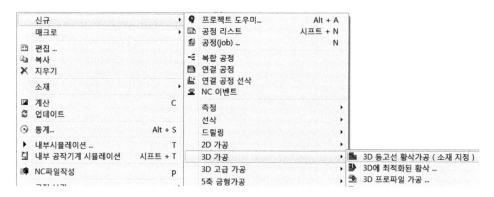

작업 공정을 추가하기 위해 브라우저 창 내에서 오른쪽 마우스 버튼을 클릭한다. 그림과 같이 선택 목록이 표시되면 3D 등고선 황삭 가공(소재 지정) 항목을 선택하여 작업 공정 편집 창을 열어 준다.

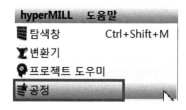

  *hyperMILL 메뉴에서 공정을 선택하여 신규 오퍼레이션 창에서 작업 공정을 추가할 수도 있다.

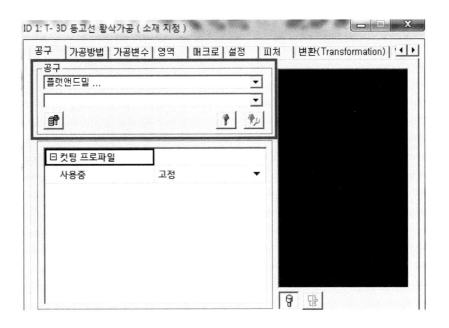

공구

작업 공정 정의 창이 열리면 첫 번째 탭인 공구가 표시된다.

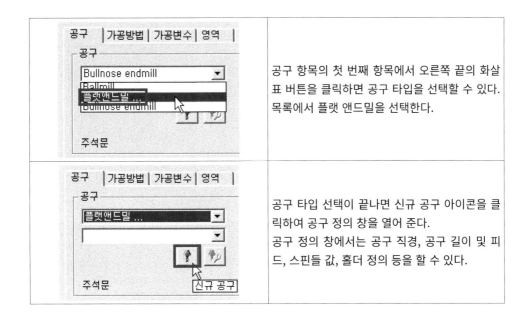

(공구 타입 선택 화면)	공구 항목의 첫 번째 항목에서 오른쪽 끝의 화살표 버튼을 클릭하면 공구 타입을 선택할 수 있다. 목록에서 플랫 앤드밀을 선택한다.
(신규 공구 화면)	공구 타입 선택이 끝나면 신규 공구 아이콘을 클릭하여 공구 정의 창을 열어 준다. 공구 정의 창에서는 공구 직경, 공구 길이 및 피드, 스핀들 값, 홀더 정의 등을 할 수 있다.

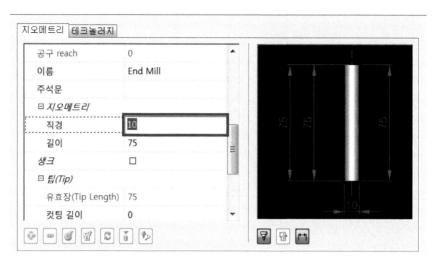

공구 탭의 직경 항목에 10를 입력하여 10 Ø 공구를 만든다.

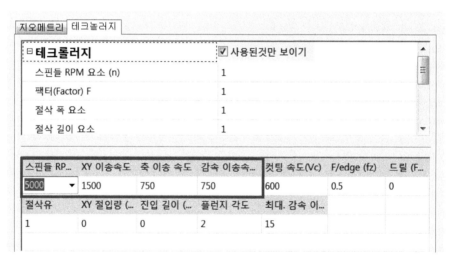

공구 직경을 정의하면 테크놀러지 탭으로 넘어가서

이송(FEEDRATE) 1500 / 축 이송 750 / 감속 이송 750 / 회전 수(SPINDLE) 5000을
지정한다.

단, 공구의 컨디션과 기계 상황에 따라 기계의 Feedrate %를 조절하여 가공한다.

옵션 설정은 다음과 같이 설정해 준다.

절삭 방향: 윤곽에 평행

가공 우선순위: 포켓

평면형 방식: 연속으로(Out-〉In)

절삭 방식: 하향 가공

가공 방법

– 절삭 방향

가공하고자 하는 형상에 따라 가공 방향을 지정해 주는 옵션으로 윤곽에 평행 옵션이 있다.

윤곽에 평행(Contour Parallel):
형상의 윤곽과 평행하게 가공할 경우 사용한다.
한마디로 형상에 옵셋으로 가공 경로를 생성해 주는 것이다.

가공 우선순위(Machining priority)를 지정한다.

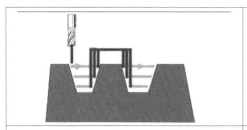	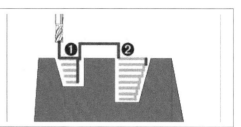
평면 우선(plane) 하나의 레벨에 모든 포켓을 똑같이 순차적으로 가공한다.	포켓 우선(pocket) 하나의 포켓을 다 가공한 후 다른 포켓으로 이동 하여 가공한다.

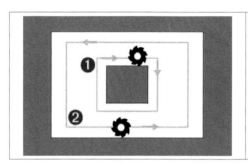	하향 가공(climb milling)은 내부 윤곽 – 시계 방향 외부 윤곽 – 반시계 방향으로 가공한다. 상향 가공(conventional milling)은 하향 가공 과 반대 방향으로 움직이며 가공한다.

– 절삭 방향(cutting mode)

사용자의 편의에 따라 지정한다. 여기서는 하향 가공을 선택한다.

평면형 방식을 지정한다.

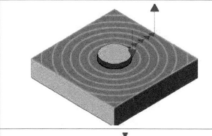	안에서 밖으로: 소재의 제가 안에서 밖으로 제거 되는 방식이다.
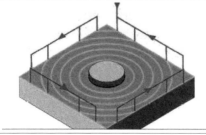	밖-안 급속 이송 모드: 생성된 소재의 경계로 인해 툴 패스가 경계와 중첩되는 부분을 급속 이송으로 이동한다. 소재의 경계가 자동으로 경계로 지정되 기 때문에 평면 영역을 설정할 필요가 없다.

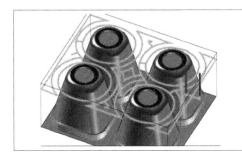

연속으로(밖-안): 복잡한 모델에서는 이 옵션이 진출 이동을 최적화하고 불필요한 절삭 이동을 회피하도록 한다. 가공이 윤곽을 따라 밖에서 안으로 수행된다.

– 양방향 절삭 대처(Full cut behavior)

이 옵션은 가공 중 Full cut 상황에서 이송 속도(Feedrate)를 줄여서 공구의 손상을 방지하는 옵션이다. Full cut 구간의 이송 속도 감속은 공구 설정에서 이송 속도(감속) 항목에 입력된 이송 속도로 감속된다

파라미터

– 가공 영역

가공 영역은 가공하고자 하는 최고 높이와 최젓값을 지정한다.

여기에서는 소재 인식을 한 황삭 가공이므로 가공 영역을 설정해 줄 필요가 없다.

– 절삭

여기서는 공구의 수평, 수직 이송 시의 절입량과 소재의 여유량 등을 입력한다. 각 항목의 값으로 (XY 절삭량: 45%, Z 절삭량: 0.3mm, 소재 여유량: 0.1mm)를 입력하여 준다.

– 평면 부위 검출(plane level detection)

평면에만 적용되는 옵션이다.

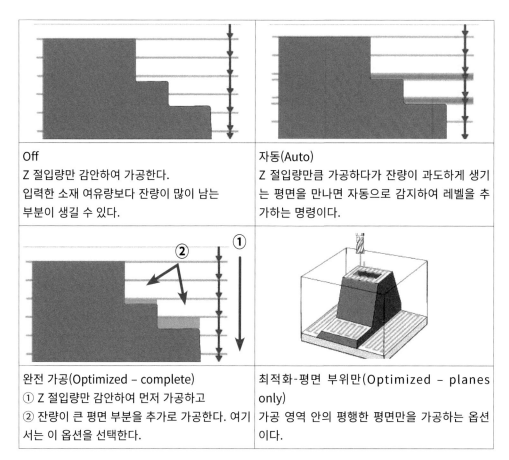

Off	자동(Auto)
Z 절입량만 감안하여 가공한다. 입력한 소재 여유량보다 잔량이 많이 남는 부분이 생길 수 있다.	Z 절입량만큼 가공하다가 잔량이 과도하게 생기는 평면을 만나면 자동으로 감지하여 레벨을 추가하는 명령이다.
완전 가공(Optimized – complete)	최적화-평면 부위만(Optimized – planes only)
① Z 절입량만 감안하여 먼저 가공하고 ② 잔량이 큰 평면 부분을 추가로 가공한다. 여기서는 이 옵션을 선택한다.	가공 영역 안의 평행한 평면만을 가공하는 옵션이다.

– 안전성(safety)

공구가 급속 이동 시 정해진 높이 혹은 거리에서 안전하게 이동하도록 설정하는 옵션이다. 지시서의 내용처럼 50으로 설정한다.

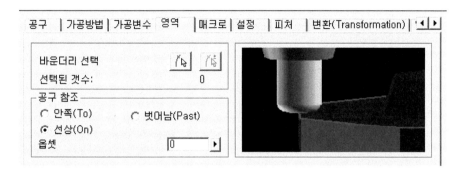

영역

가공하고자 하는 영역을 설정한다.

이미 소재 지정이 되어 있는 공정이므로 특별히 설정을 안 하여도 무관하다.

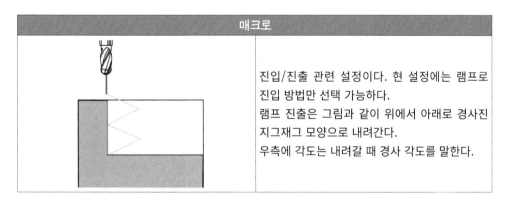

매크로
진입/진출 관련 설정이다. 현 설정에는 램프로 진입 방법만 선택 가능하다. 램프 진출은 그림과 같이 위에서 아래로 경사진 지그재그 모양으로 내려간다. 우측에 각도는 내려갈 때 경사 각도를 말한다.

참고로 가공 방법에서 윤곽에 평행(contour parallel)을 선택했을 경우 매크로에 헬리컬이라는 옵션이 생성되는데, 이 옵션은 진출입 시 원형을 그리며 내려가는 옵션이다. 헬리컬의 반지름은 공구 반지름의 80%를 설정한다.

설정

– 모델/소재 모델

각각의 목록을 열어 공정 리스트 정의 시 생성해 놓은 모델(절삭 영역) 또는 소재를 선택한다. 미리 생성해 놓지 않은 경우에는 신규 생성 아이콘을 사용하여 새 모델/소재를 정의할 수 있다.

– 소재 결과 산출(Generate resulting stock)

황삭 가공에만 있는 옵션으로 황삭 가공 후 남은 결과물 형상의 소재 모델링을 생성해 준다.

– NC 파라미터

가공 공차(Machining tolerance): 필요한 공차를 입력한다. 값은 툴 패스 생성을 위한 계산이 수행될 때 정확성을 정의한다.

– G2/G3 출력

레벨의 원형 호는 NC 프로그램에서 G2 또는 G3 명령으로 출력된다. 이 기능이 활성화되지 않으면 모든 움직임은 G1 명령으로 출력된다.

모든 설정이 끝났으므로 계산 버튼을 클릭하여 계산을 시작한다.

	모든 설정이 오류 없이 설정되면 그림과 같이 툴 패스가 형성되고, 공정 목록에는 아래 그림과 같은 V 체크가 만들어진다.
	Erase toolpaths 아이콘으로 화면에 표시된 툴 패스를 지울 수 있다.
	hyperMILL 브라우저 하단에서 새로 생성된 소재의 전구 표시를 클릭하면 전구에 불이 들어오며 황삭 가공된 소재 형상을 볼 수 있다.

3. 정삭 공정

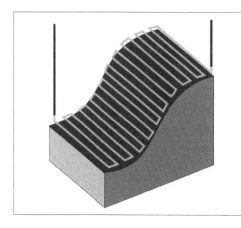

3D 3차원 피치 가공
등간격 정삭(=서페이스의 일정 절삭 이송을 사용
하는 정삭)은 고품질 서페이스를 보장하면서 동시
에 급경사 서페이스에서도 커터 부하를 줄인다.

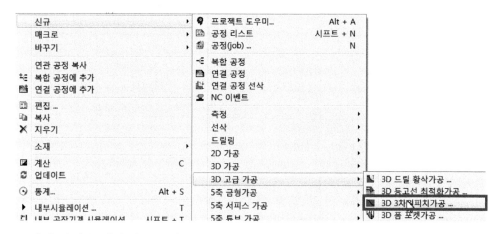

정삭 작업을 위하여 3D 3차원 피치 가공을 열어 보자.

브라우저 창에서 오른쪽 마우스를 클릭하여 표시된 명령어 목록에서 3D 3차원
피치 가공을 선택한다.

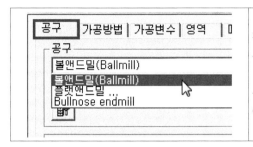

작업 공정 편집 창이 열리면 먼저 공구 탭에서 공구를 지정해 준다.

공구 타입을 Ballmill로 변경하고 신규 공구 아이콘을 선택하여 공구 설정 창을 열어 준다.

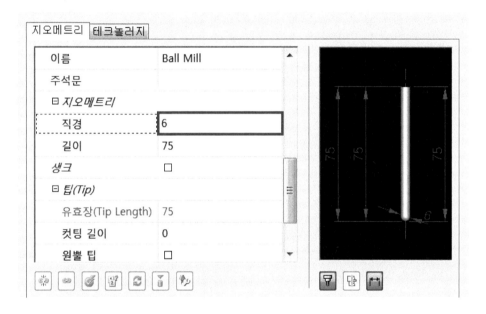

공구 설정

– 공구

공구 번호 2번 공구는 6∅ 볼 엔드밀로 설정한다.

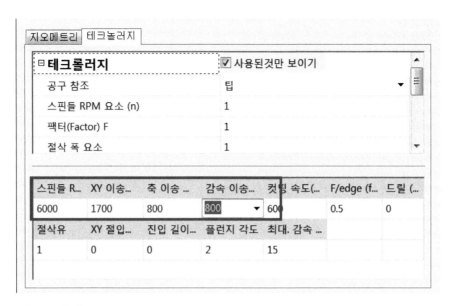

스핀들 R...	XY 이송...	축 이송...	감속 이송...	컷팅 속도(...	F/edge (f...	드릴 (...
6000	1700	800	800 ▼	600	0.5	0

절삭유	XY 절입...	진입 길이...	플런지 각도	최대. 감속 ...		
1	0	0	2	15		

- 테크놀러지

스핀들은 6000에 피드 값은 1700을 입력한다.

가공 방법

이송 방법에서 등 간격(1커브)를 선택하고 ⬚, 아이콘을 클릭하여 프로파일을 설정한다.

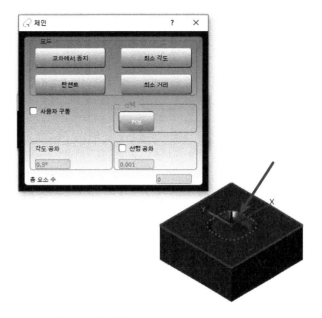

그림과 같이 프로파일을 선택한다.

* 선이 여러 개로 나뉘어 있을 경우엔 단축키 C(체인)를 입력하여 한 번에 선택한다.

선택되었으면 우측의 확인 버튼을 클릭한다.

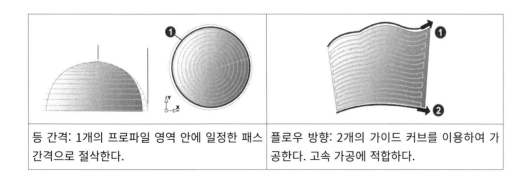

등 간격: 1개의 프로파일 영역 안에 일정한 패스 간격으로 절삭한다.	플로우 방향: 2개의 가이드 커브를 이용하여 가공한다. 고속 가공에 적합하다.

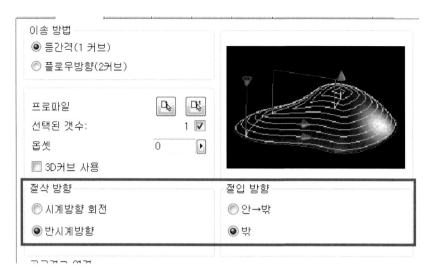

프로파일이 선택되었으면 아래와 같이 설정한다.

절삭 방향: 반시계 방향 / 절입 방향: 밖

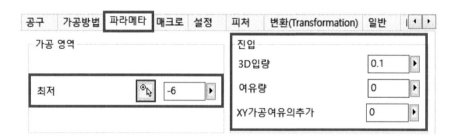

파라미터

가공 영역은 최저 −6을 입력하며, 진입에서 여유량은 0을 3D 입량은 0.1을 입력
한다.

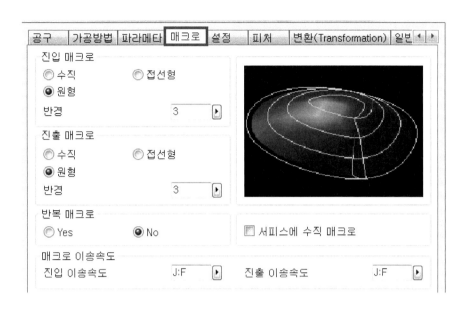

매크로

그림과 같은 값으로 설정한다.

진입/진출 매크로(Approach / Retract Macros)

공구의 진입/진출 시 움직임의 방식을 지정해 준다.

ⓐ 수직 / ⓑ 원형 / ⓒ 접선형

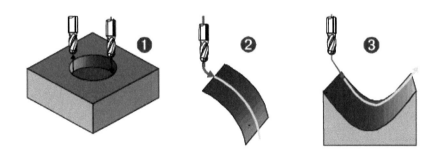

설정

모델에서는 황삭에서와 같이 미리 지정한 파트를 선택하고 가공 공차에 0.01을 입력한다. 설정이 끝나면 계산 버튼을 누른다.

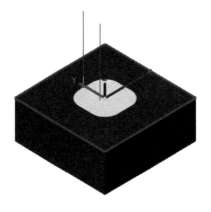

계산이 완료되면 위과 같은 툴 패스를 볼 수 있나.

이상으로 정삭 과정을 마치도록 한다.

4. NC-FILE 추출

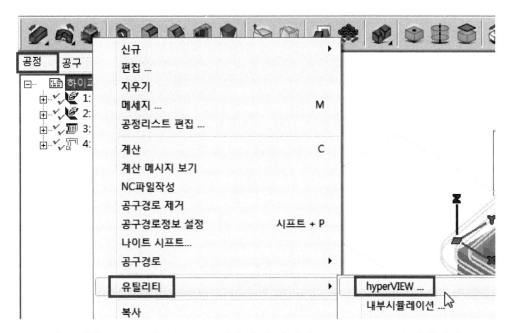

공정 탭에서 오른쪽 마우스를 클릭하여 유틸리티 〉 hyperVIEW를 선택한다.

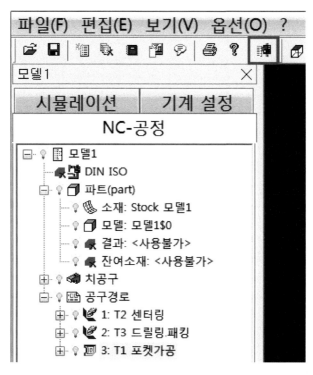

위 그림과 같이 NC 파일로 변환 아이콘을 클릭한다.

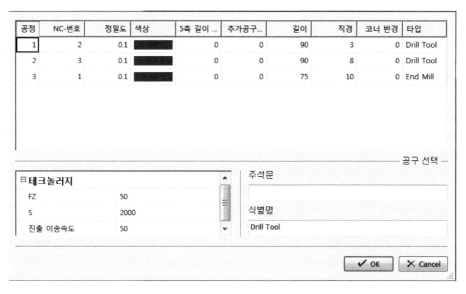

공정	NC-번호	정밀도	색상	5축 길이 ...	추가공구...	길이	직경	코너 반경	타입
1	2	0.1	▬	0	0	90	3	0	Drill Tool
2	3	0.1	▬	0	0	90	8	0	Drill Tool
3	1	0.1	▬	0	0	75	10	0	End Mill

공구 선택

⊟ 테크놀러지	
FZ	50
S	2000
진출 이송속도	50

주석문

식별명

Drill Tool

✓ OK   ✗ Cancel

위와 같이 창이 뜨면 OK 버튼을 클릭한다.

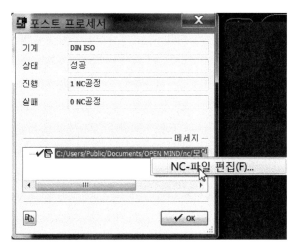

위와 같이 NC 파일 저장 경로가 나타나면 마우스 커서를 갖다 대고 오른쪽 버튼
으로 NC-파일 편집을 클릭한다.

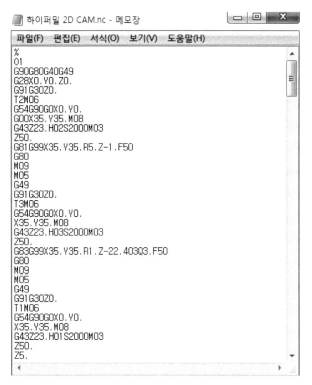

NC File이 생성되었다.

이상으로 컴퓨터응용가공산업기사 준비용 CAM 따라 하기를 마친다.

하이퍼밀(hyperMILL) 5축 머시닝센터 가공

hyperMILL 5축 가공

1. 인덱스 코드 이해

★ HIDENHAIN 컨트롤러

a. 각도 포스트:

CYCL DEF 19.0 WORKING PLANE

CYCL DEF19.1 B45 C90 → 인덱스 축 정의

CYCL DEF 19.0 WORKING PLANE

CYCL DEF19.1 B+0 C+0 F3500

CYCL DEF 19.0 WORKING PLANE → 정의된 평면 해제

CYCL DEF19.1

b. 벡터 포스트:

PLANE VECTOR BX0 BY-1 BZ0 NX1 NY0 NZ0 STAY SEQ- TABLE ROT: 기본 포맷

BX BY BZ: 기본 벡터

NX NY NZ: 법선(Normal) 벡터

STAY : 초기 이동 각도 제자리에 위치, 로터리 축 회전 이동을 나중에 위치함.

SEQ- 마스터 축이 음의 각도로 위치 결정

기본 벡터는 기울어진 가공 평면의 X축 방향을 정의하며, 법선 벡터는 가공 평면의 방향을 정의하는 동시에 가공 평면에 수직

PLANE RESET STAY: 정의된 좌표 평면 해제

** FANUC 컨트롤러

G68.2 X0.Y0.Z0. I0J0K0 → 기본 포맷

G53.1 → 공구 축 방향 제어

G69 → 정의된 좌표 평면 해제

X,Y,Z, → 선형 축

I,J,K → 방향을 정하는 각도

I:X축 → 기준 회전 각도

J:Y축 → 기준 회전 각도

K:Z축 → 기준 회전 각도

2. 동시 5축 코드 이해

* HIDENHAIN 컨트롤러

a. 공구 선단점 제어 코드(TCPM):

M128 : 공구 선단점 제어(TCPM ON)

M129 : 공구 선단점 제어 해제(TCPM OFF)

b. C축 최단 거리 이동:

M126 : 최난 거리 이농

M127 : 최단 거리 이동 해제

c. M140: 공구 축 방향으로 윤곽 후퇴

250 L X+0 Y+40.5 F125 M140 MB 100 F2000: 공구 축 방향으로 100MM 후퇴

251 L X+0 Y+40.5 F125 M140 MB MAX : 축 방향으로 이송 범위 한계까지 후퇴

** FANUC 컨트롤러

G43.3, G43.4, G43.5: 공구 선단점 제어

G49: 공구 선단점 제어 해제

3. 임펠러 가공 실습

1) 파일 열기

Impeller 가공에 맞는 파일을 가공하기 위해 준비된 예제 파일을 가지고 시작한다.
화면의 풀다운 메뉴를 이용하여 파일 열기를 한다.

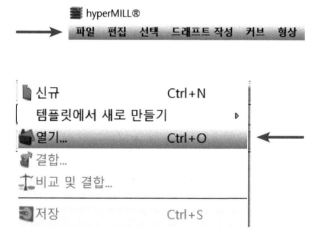

[파일] – [열기]

Impeller(예제).e3 파일의 위치를 찾아 선택한다.

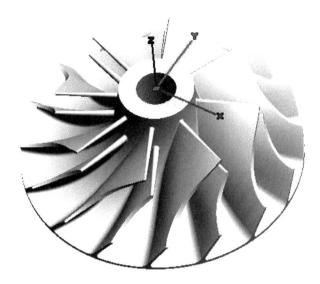

다음과 같은 모델 파일이 화면에 나타난다.

2) 공정 리스트 설정

hyperMILL 작업 환경이 실행된다.

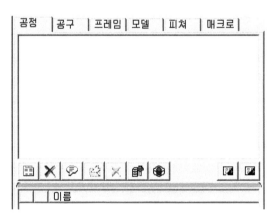

빈 곳에 마우스 오른쪽을 클릭하고 다음과 같이 클릭한다.

신규 > 공정 리스트

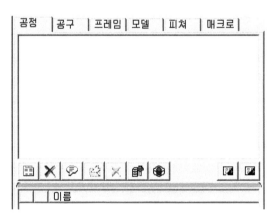

피소재 정의 탭을 클릭한다.

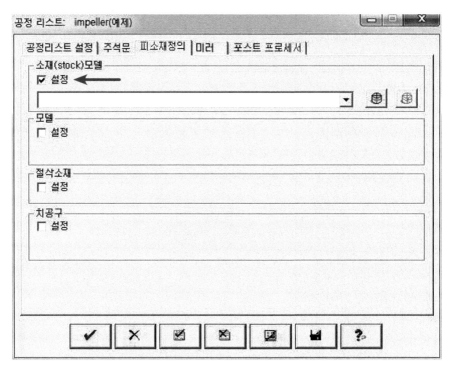

소재(stock) 모델의 설정 부분을 체크하여 새로운 가공 소재를 정의한다.

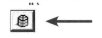 ←	신규 아이콘을 클릭하여 소재 모델 정의 창을 실행한다.

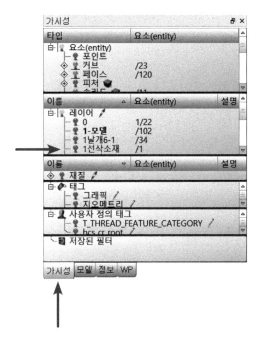

오른쪽 아이콘 영역 하단의 탭 중 가시성 탭을 클릭한다.

현재 레이어 목록이 나타난다. 다음과 같이 선삭 소재에 관련된 레이어를 클릭하여 실행하고 다른 레이어를 해제한다.

피소재 정의 탭을 클릭한다.

모드 〉 회전을 선택한 후,

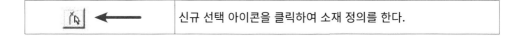

| 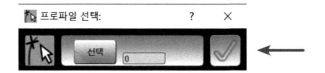 | 신규 선택 아이콘을 클릭하여 소재 정의를 한다. |

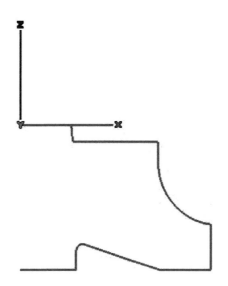

그래픽 영역에 있는 소재 커브를 선택한 후, 확인 버튼을 클릭하여 소재를 정의
한다.

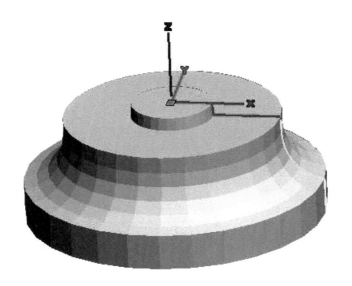

소재가 생성되었다.

이 생성된 소재를 이용하여 시뮬레이션에서 소재가 가공되는 모습을 볼 수 있다.

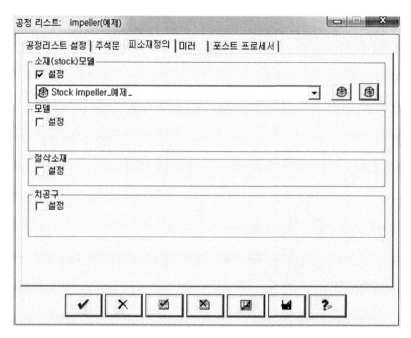

확인 버튼을 클릭하여 공정 리스트 설정을 마무리한다.

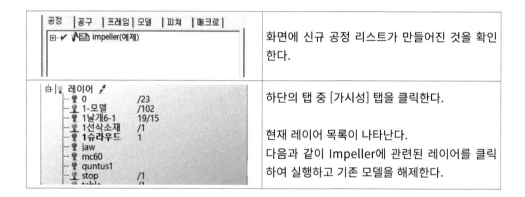	화면에 신규 공정 리스트가 만들어진 것을 확인한다.
	하단의 탭 중 [가시성] 탭을 클릭한다. 현재 레이어 목록이 나타난다. 다음과 같이 Impeller에 관련된 레이어를 클릭하여 실행하고 기존 모델을 해제한다.

화면에 다음과 같이 Impeller에 관련된 모델 파일이 나타난다.

3) 피처 리스트 생성

[피처 탭]을 선택한 후, 피처 리스트의 빈곳에 마우스 오른쪽을 클릭하면 다음과
같은 메뉴의 순서를 실행한다.

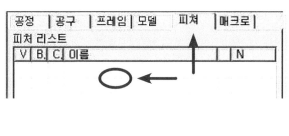

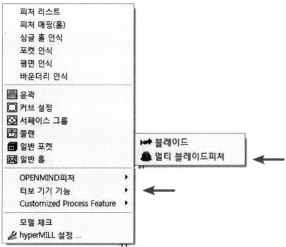

터보 기기 기능 〉 멀티 블레이드 피처를 마우스로 선택하면 Impeller에서 이용할
수 있는 피처 설정 창이 나타난다.

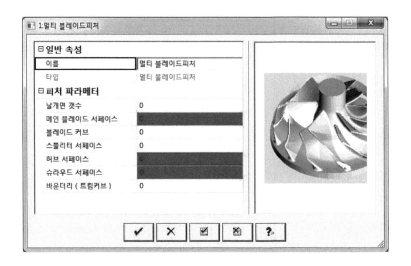

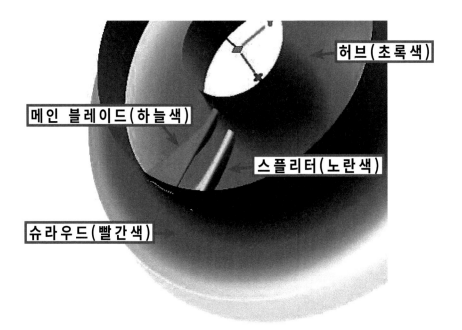

허브(초록색)

메인 블레이드(하늘색)

스플리터(노란색)

슈라우드(빨간색)

모델링의 날개면 개수를 파악하여 입력하고, 필요한 서페이스 면들을 선택한다.

날개면 개수: 8개 / 메인 블레이드: 하늘색 면 / 스플리터: 노란색 면 / 허브: 초록
색 면 / 슈라우드: 빨간색 면

★ 선택 시 메인 블레이드는 좌측 스플리터는 우측 순으로 선택한다.

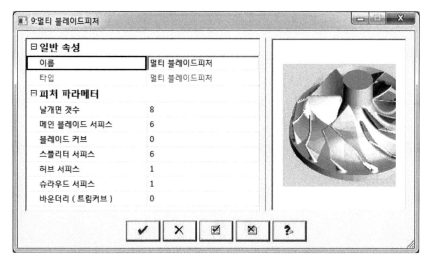

선택이 완료되면, 확인 버튼을 클릭하여 피처 선택을 종료한다.

5축 멀티 블레이드 황삭 가공

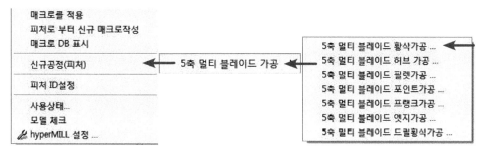

생성된 피처를 마우스 오른쪽으로 클릭한 다음,

신규 공정(피처) > 5축 멀티 블레이드 가공 > 5축 멀티 블레이드 황삭 가공을

선택하여 Impeller 황삭 작업을 한다.

4) Impeller – 황삭 가공

선반에서 미리 외경 가공이 된 소재를 블레이드와 블레이드의 사이를 정삭 전
영역까지 포켓 작업을 한다.

가공 방법에는 허브 옵셋, 슈라우드 옵셋, 플로우 방향을 선택할 수 있으며,

형상과 공구 길이/경사를 고려하여 최적의 가공 방법을 지원한다.

부분적으로 이송률을 다르게 적용할 수 있으며, 안정적인 가공을 진행하여
가공 시간을 단축시킬 수 있다.

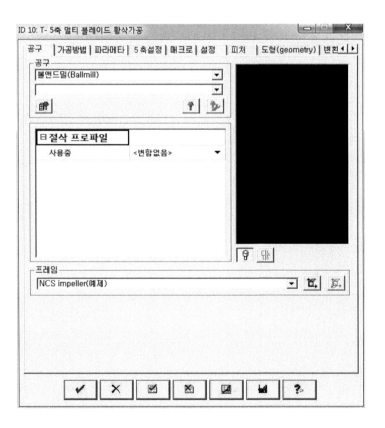

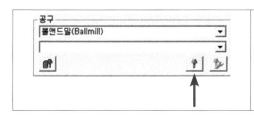

공구는 데이터베이스에서 선택해서
사용하거나, 신규로 만들어서 사용할 수 있다.
신규 공구를 클릭한다.

다음과 같이 공구의 정보를 입력하는 창이 나온다.

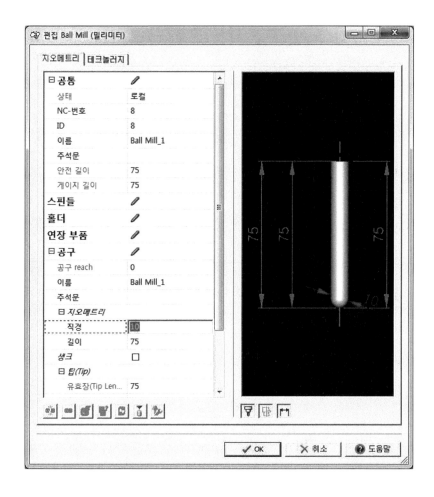

공구 reach	40	스크롤을 내려 지오메트리 항목까지 이동합니다.
⊟ *지오메트리*		공구 직경: 4
직경	4	생크: 체크
⊟ *생크*	☑	생크 직경: 6
생크 모드	파라메트릭	원뿔 팁: 체크
생크 직경	6	콘 각도: 3
원뿔 팁	☑	위 조건을 입력하여 공구를 정의한다.
콘 각도	3	

[가공 방법] 탭을 클릭한다

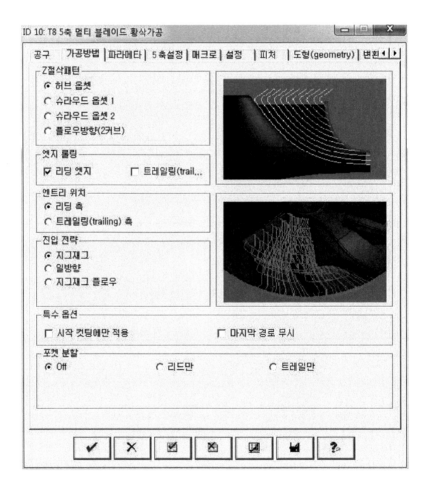

Z절삭패턴 ⦿ 허브 옵셋 ○ 슈라우드 옵셋 1 ○ 슈라우드 옵셋 2 ○ 플로우방향(2커브) **엣지 롤링** ☑ 리딩 엣지 □ 트레일링(trail... **엔트리 위치** ⦿ 리딩 측 ○ 트레일링(trailing) 측	Z절삭 패턴: 허브 옵셋 엣지 롤링: 리딩 엣지 체크 엔트리 위치: 리딩 축

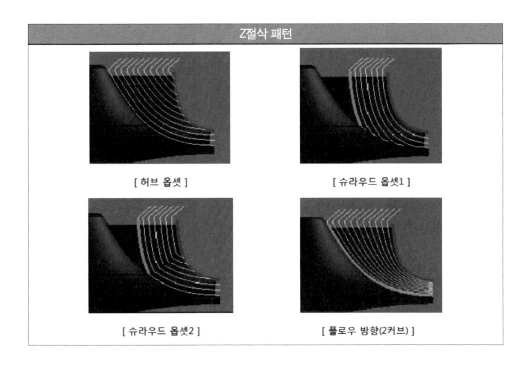

Z절삭 패턴

[허브 옵셋]   [슈라우드 옵셋1]

[슈라우드 옵셋2]   [플로우 방향(2커브)]

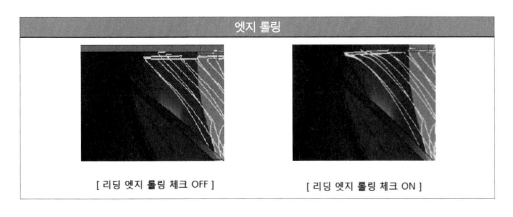

엣지 롤링

[리딩 엣지 롤링 체크 OFF]   [리딩 엣지 롤링 체크 ON]

[파라메터] 탭을 클릭한다.

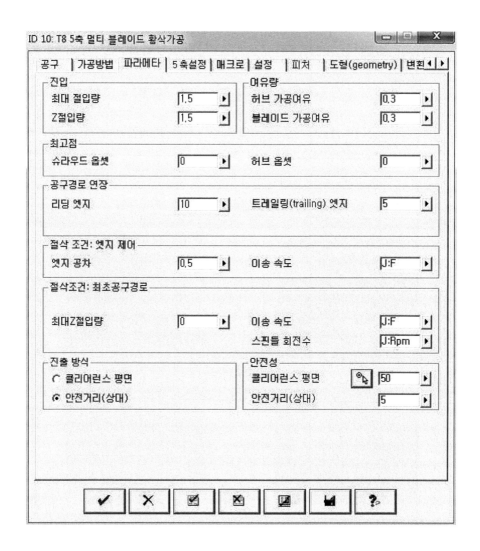

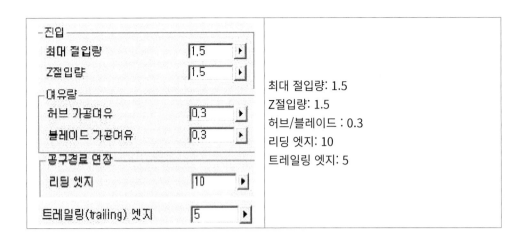

	최대 절입량: 1.5
	Z절입량: 1.5
	허브/블레이드 : 0.3
	리딩 엣지: 10
	트레일링 엣지: 5

공구경로 연장

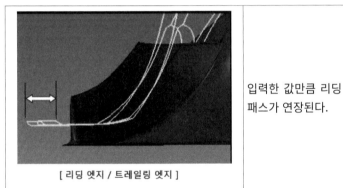

입력한 값만큼 리딩 또는 트레일링 엣지에서 툴 패스가 연장된다.

[리딩 엣지 / 트레일링 엣지]

엣지 롤링

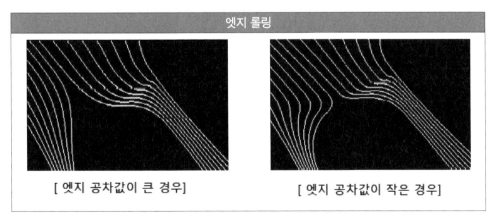

[엣지 공차값이 큰 경우] [엣지 공차값이 작은 경우]

스플리터를 정밀하게 가공할 경우 공차 값을 작게 입력하여 엣지 부분에서 공구 경로를 조절할 수 있다.

[5축 설정] 탭을 클릭한다.

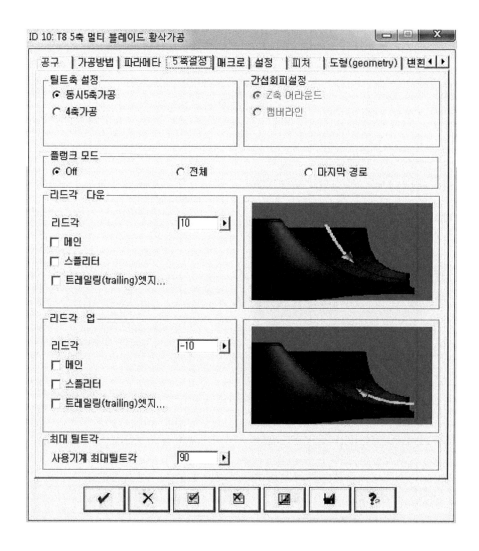

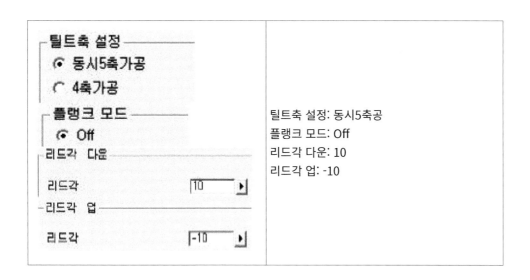

틸트축 설정: 동시5축공
플랭크 모드: Off
리드각 다운: 10
리드각 업: -10

| 공구 경로 연장 |
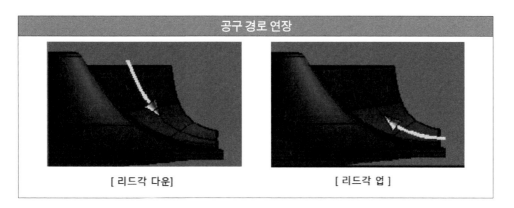

[리드각 다운]　　　　　　　　[리드각 업]

리드각은 경로에서 공구의 수직 방향 위치에 따라 결정되며,

양의 값이면 끌어당기는 방향(공구 끝점이 경로의 뒤편),

음의 값이면 밀어넣는 방향(공구 끝점이 경로 방향)으로 가공된다.

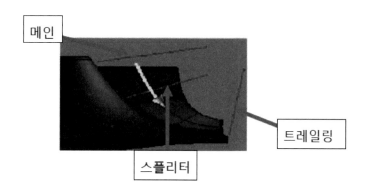

메인

트레일링

스플리터

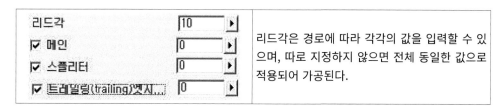

리드각은 경로에 따라 각각의 값을 입력할 수 있으며, 따로 지정하지 않으면 전체 동일한 값으로 적용되어 가공된다.

[매크로] 탭을 클릭한다.

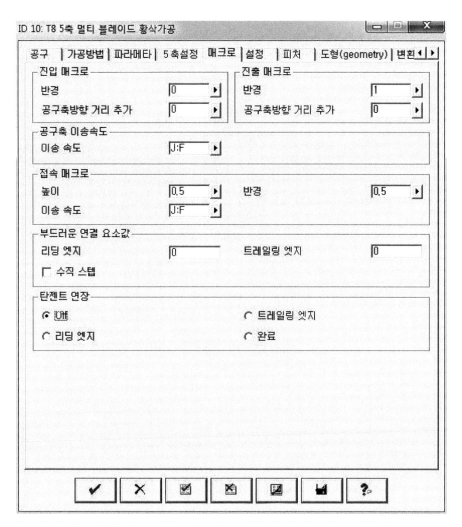

별도의 설정은 하지 않고 계산 버튼을 클릭하여 작업을 마무리한다.

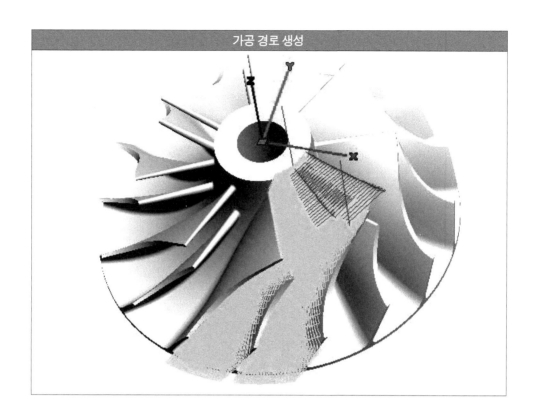

가공 경로 생성

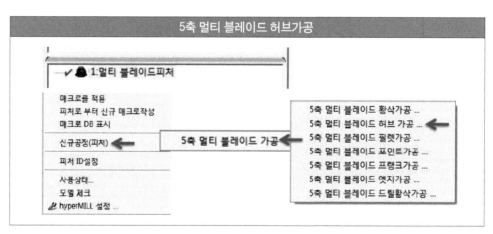

5축 멀티 블레이드 허브가공

생성된 피처를 마우스 오른쪽로 클릭한 다음,

신규 공정(피처) 〉 5축 멀티 블레이드 가공 〉 5축 멀티 블레이드 허브 가공을

선택하여 Impeller 허브 작업을 한다.

5) Impeller-허브 가공

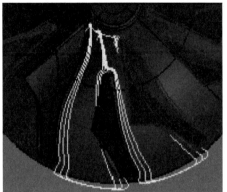

허브 가공은 황삭 가공 후, 블레이드 사이의 바닥면을 정삭 가공 및 부분적으로 잔삭 가공에 적용하는 방법이다.

전체적 또는 부분적으로 영역을 설정하여 가공이 가능하다.

단 부분 가공 시 첫 번째 가공 경로의 출력 위치는 지정한 횟수로 제한하여 생성한다.

다양한 가공 방법을 지원하며, 리딩 및 트레일링 영역을 위한 스캘럽피치 기능으로 일정한 가공 면을 얻을 수 있다.

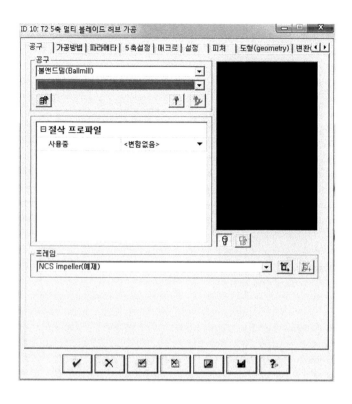

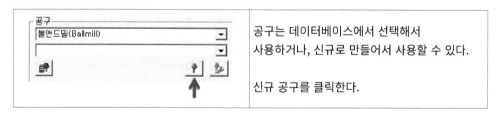

공구는 데이터베이스에서 선택해서
사용하거나, 신규로 만들어서 사용할 수 있다.

신규 공구를 클릭한다.

다음과 같이 공구의 정보를 입력하는 창이 나온다.

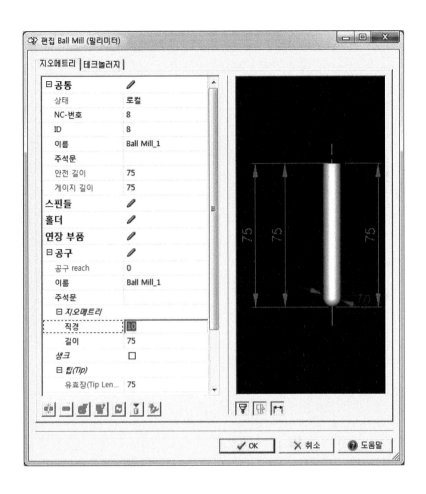

□ *지오메트리*	
직경	2
□ *생크*	☑
생크 직경	6
원뿔 팁	☑
콘 각도	4

스크롤을 내려 [지오메트리] 항목까지 이동한다.
공구 직경: 2
생크: 체크
생크 직경: 6
원뿔 팁: 체크
콘 각도: 4
위 조건을 입력하여 공구를 정의한다.

[가공 방법] 탭을 클릭한다.

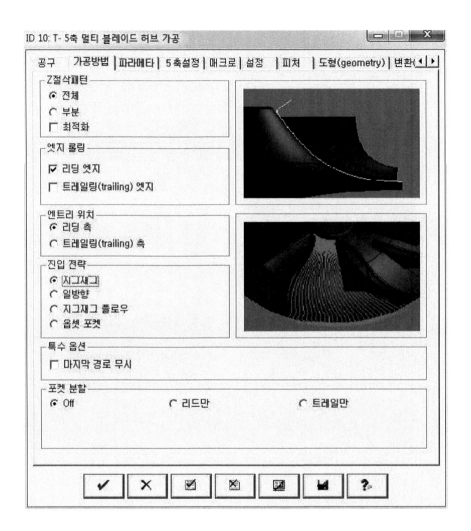

전체 부분 최적화 엣지 롤링	
✔ 리딩 엣지 ☐ 트레일링(trailing) 엣지 엔트리 위치 ⦿ 리딩 축 ○ 트레일링(trailing) 축 진입 전략 ⦿ 지그재그 ○ 일방향 ○ 지그재그 플로우	Z 절삭 패턴: 전체 엣지 롤링: 리딩 엣지 체크 엔트리 위치: 리딩 축 진입 전략: 지그재그

진입 전략
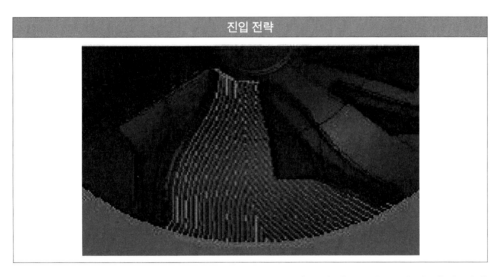

이 옵션은 스플리터가 없는 모델에만 적용이 가능하며, 풀컷 구간이 없어 시작 커팅 속도를 전체 커팅 속도와 조건을 동일하게 할 수 있다.

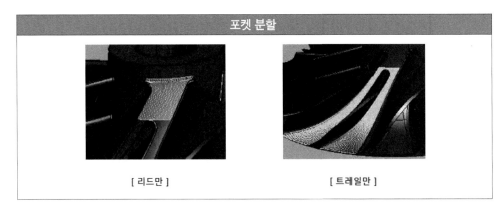

포켓 분할

[리드만] · [트레일만]

[파라메타] 탭을 클릭한다.

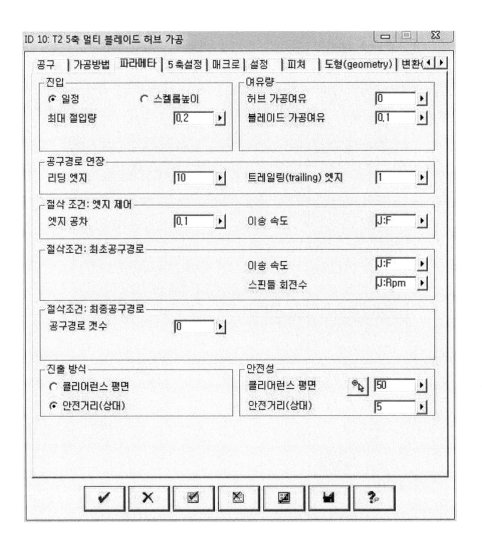

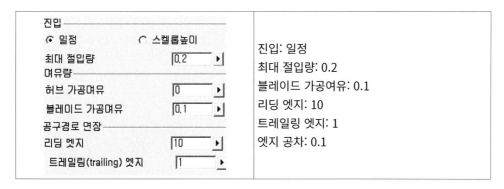

진입	
⦿ 일정	○ 스켈롭높이
최대 절입량	0.2 ▶
여유량	
허브 가공여유	0 ▶
블레이드 가공여유	0.1 ▶
공구경로 연장	
리딩 엣지	10 ▶
트레일링(trailing) 엣지	1 ▶

진입: 일정
최대 절입량: 0.2
블레이드 가공여유: 0.1
리딩 엣지: 10
트레일링 엣지: 1
엣지 공차: 0.1

[5축 설정] 탭을 클릭한다.

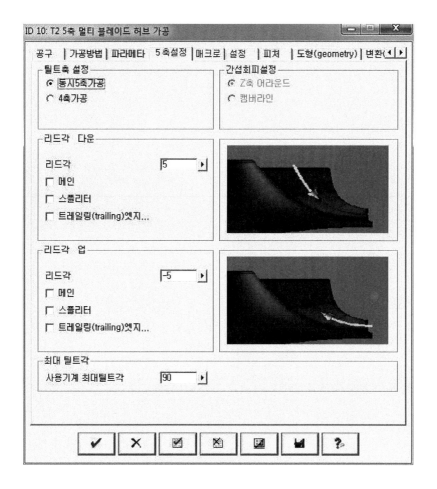

리드각 다운		리드각 다운: 5
리드각	5 ▶	리드각 업: -5
리드각 업		
리드각	-5 ▶	

[매크로] 탭을 클릭한다.

별도의 설정은 하지 않고 계산 버튼을 클릭하여 작업을 마무리한다.

가공 경로 생성

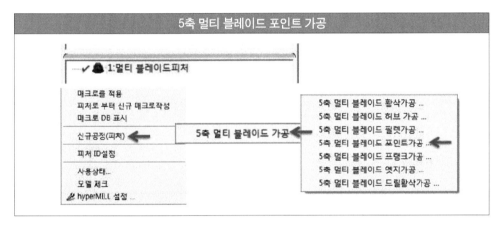

5축 멀티 블레이드 포인트 가공

생성된 피처를 마우스 오른쪽을 클릭한 다음,

[신규 공정(피처)] – [5축 멀티 블레이드 가공] – [5축 멀티 블레이드 포인트가공] 선택하여 Impeller 포인트 작업을 한다.

6) Impeller-포인트 가공

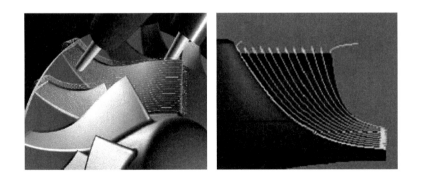

블레이드 서페이스 면을 연속된 나선형 및 둘레 이동으로 가공된다.

정밀한 가공 조도가 요구되지 않는 고속 가공에 주로 사용되며, 언더컷이 있는 면 또는 서페이스가 플랭크 가공으로 할 수 없을 정도로 이중으로 꼬여 있는 경우 포인트 가공을 이용하여 가공할 수 있다.

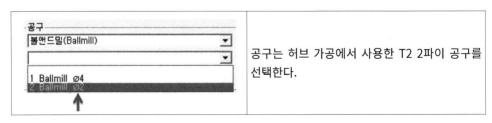

공구는 허브 가공에서 사용한 T2 2파이 공구를 선택한다.

[가공 방법] 탭을 클릭한다.

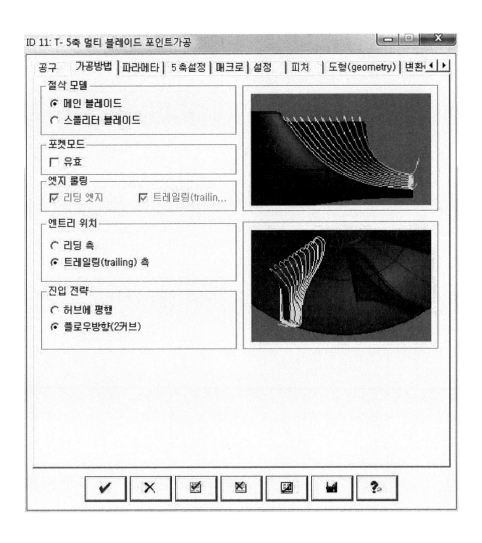

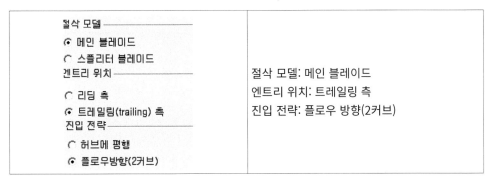

절삭 모델: 메인 블레이드
엔트리 위치: 트레일링 측
진입 전략: 플로우 방향(2커브)

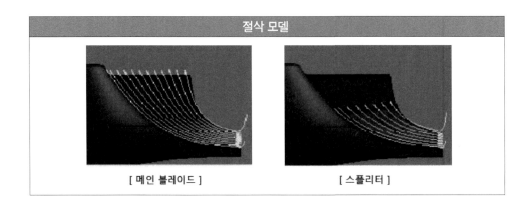

| 절삭 모델 |
| [메인 블레이드]　　　　　　　　[스플리터] |

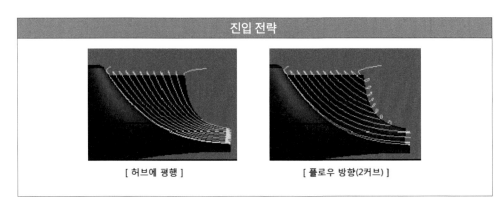

| 진입 전략 |
| [허브에 평행]　　　　　　　　[플로우 방향(2커브)] |

[파라메타] 탭을 클릭한다.

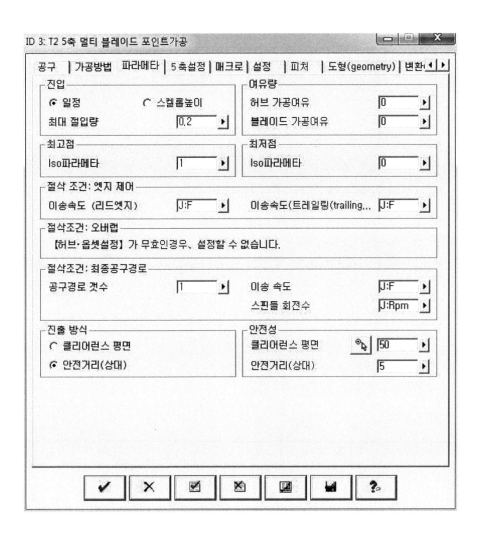

ID 3: T2 5축 멀티 블레이드 포인트가공

공구 | 가공방법 | 파라메타 | 5축설정 | 매크로 | 설정 | 피처 | 도형(geometry) | 변환 ◄│►

진입
- ◉ 일정   ○ 스켈롭높이
- 최대 절입량   0.2 ►

여유량
- 허브 가공여유   0 ►
- 블레이드 가공여유   0 ►

최고점
- Iso파라메타   1 ►

최저점
- Iso파라메타   0 ►

절삭 조건: 엣지 제어
- 이송속도 (리드엣지)   J:F ►   이송속도(트레일링(trailing...   J:F ►

절삭조건: 오버랩
【허브·옵셋설정】가 무효인경우、설정할 수 없습니다.

절삭조건: 최종공구경로
- 공구경로 갯수   1 ►   이송 속도   J:F ►
                                           스핀들 회전수   J:Rpm ►

진출 방식
- ○ 클리어런스 평면
- ◉ 안전거리(상대)

안전성
- 클리어런스 평면   50 ►
- 안전거리(상대)   5 ►

진입
- ◉ 일정   ○ 스켈롭높이
- 최대 절입량   0.2 ►

여유량
- 허브 가공여유   0 ►
- 블레이드 가공여유   0 ►

최고점
- Iso파라메타   1 ►

최저점
- Iso파라메타   0 ►

진입: 일정
최대 질입량: 0.2
허브 가공여유: 0
블레이드 가공여유:0
최고점: 1
최저점: 0

최고점/최저점
ISO 파라메타(top limit) = 1 ISO 파라메타(bottom limit) = 0
ISO 파라메타(top limit) = 1 ISO 파라메타(bottom limit) > 0
ISO 파라메타(top limit) = 1 ISO 파라메타(bottom limit) > 0

[가공 방법] 탭을 클릭한다.

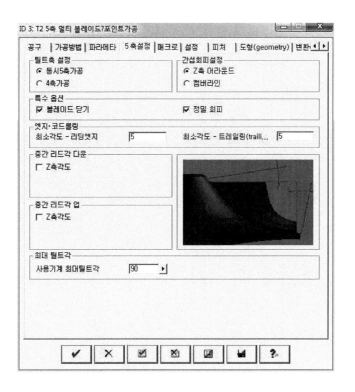

	블레이드 닫기: 체크 정밀 회피: 체크 최소각도 – 리딩엣지: 5 최소각도 – 트레일링: 5

[매크로] 탭을 클릭한다.

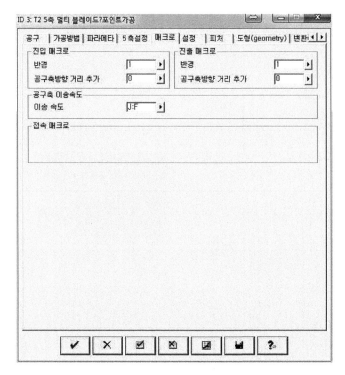

별도의 설정은 하지 않고 계산 버튼을 클릭하여 작업을 마무리한다.

※ Impeller 모델에 스플리터가 있으면 같은 방법으로 입력 후, [가공 방법]에서
스플리터를 선택하여 작업하면 된다.

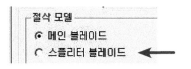

가공 경로 생성

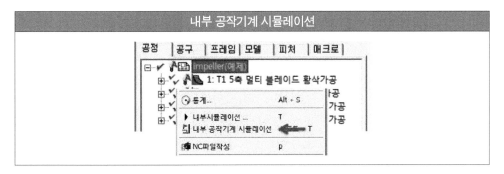

내부 공작기계 시뮬레이션

생성된 공정 리스트를 마우스 오른쪽을 클릭한 다음,

[내부 공작기계 시뮬레이션] 선택하여 소재 가공 시뮬레이션을 한다.

기계 시뮬레이션이 실행되면,  ◀──── 소재 아이콘을 클릭하여 소재를 불러온
후, ◀──── 실행 아이콘을 선택하여 시뮬레이션을 실행시킨다.

7) NC DATA 출력

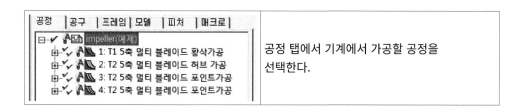	공정 탭에서 기계에서 가공할 공정을 선택한다.

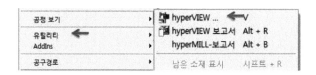

마우스 오른쪽을 클릭해

유틸리티 〉 hyperVIEW를 클릭한다.

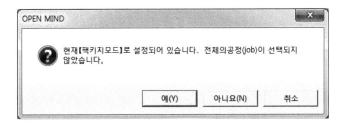

공정 리스트 선택 시 경고 창이 출력되지 않지만, 각각의 공정을 선택 시 경고 창
이 출력된다.

[예]를 클릭하면 모든 작업 공정이 NC DATA로 출력된다.

[아니오]를 클릭하면 사용자가 선택한 공정만 NC DATA로 출력된다.

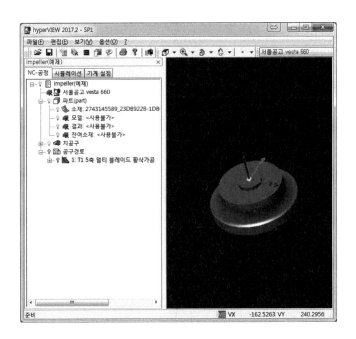

메뉴 중 NC 데이터로 출력을 클릭한다.

마지막으로 공구의 조건 값을 체크해 볼 수 있으며, 맞으면 OK 버튼을 클릭하여 NC DATA를 생성한다.

다음과 같이 기계 타입에 맞게 NC DATA가 출력된다.

Impeller 작업을 NC 데이터로 출력하면 다음과 같다.

%

G21

G00 G17 G40 G49 G52 G80 G90

G91 G28 Z0.

G91 G28 Y0.

G91 G28 X0.

G91 G28 A0. C0.

M6T1

S14000 M3

G0 G54 G90 A0. C0.

G0 X58.8241 Y-40.3805

G0 G43.4 H1 Z50. L1P2 M8

G0 A-78.773 C245.996

G1 X57.032 Y-39.5825 Z-2.3528 F12000.

X52.5519 Y-37.5874 Z-3.3263 F4000.

X52.3138 Y-37.428 Z-3.3588

X52.0212 Y-37.4213 Z-3.4669

X50.8967 Y-39.0006 Z-4.4978 A-78.08 C245.284

X50.6633 Y-39.3514 Z-4.7182 A-77.745 C244.925

X50.4301 Y-39.7023 Z-4.9385 A-77.411 C244.564

X50.1933 Y-40.0515 Z-5.1581 A-77.078 C244.205

X49.9567 Y-40.4008 Z-5.3777 A-76.746 C243.846

X49.7164 Y-40.7478 Z-5.5973 A-76.412 C243.489

X49.4762 Y-41.0949 Z-5.817 A-76.079 C243.131

X49.2326 Y-41.4396 Z-6.0371 A-75.743 C242.775

X48.9892 Y-41.7843 Z-6.2573 A-75.407 C242.418

X48.7428 Y-42.1269 Z-6.478 A-75.07 C242.064

X48.4966 Y-42.4695 Z-6.6988 A-74.733 C241.709

핵심만 가득!

hyperMILL

하이퍼밀

5축 머시닝센터 가공

hyperCAD-S 2차원 모델링에서
hyperMILL 3차원 가공까지

2024년	2월	22일	1판	1쇄	인	쇄
2024년	2월	29일	1판	1쇄	발	행

지 은 이 : 김진수, 양제원, 최철웅 공저
펴 낸 이 : 박정태

펴 낸 곳 : **광 문 각**

10881
경기도 파주시 파주출판문화도시 광인사길 161
광문각 B/D 4층
등   록 : 1991. 5. 31 제12-484호
전 화(代) : 031) 955-8787
팩   스 : 031) 955-3730
E - mail : kwangmk7@hanmail.net
홈페이지 : www.kwangmoonkag.co.kr

ISBN : 978-89-7093-018-3 93550

값 : 24,000원

※ 교재와 관련된 자료는 광문각 홈페이지(www.kwangmoonkag.com) 자료실에서 다운로드 할 수 있습니다.